U0236994

《中国赏石丛书》编委会

主　　任　陈　昌

副 主 任　李克文　严家杰　赵御龙　李庆健

总　　编　严家杰

副 总 编　刘　翔

编委会委员　苏立社　蔡中华　施刘章　贺　林

《中国黄蜡石》编委会

顾　　问	陈　昌	李克文		
主　　任	严家杰			
副 主 任	赵御龙	李庆健		
总　　编	严家杰			
总 策 划	刘　翔			
主　　编	蔡中华			
副 主 编	刘　伟			
编委会委员	刘惠忠	刘　翔	蔡中华	苏立社
	施刘章	贺　林	张道远	庄立达
	孟　涛	浦龙恩	汤建华	魏积泉
	池百合	刘　伟	康友刘	邬国荣

中国风景园林学会盆景赏石分会
扬州市风景园林协会 编

中国赏石丛书

中国黄蜡石

蔡中华◎主编

广陵书社

图书在版编目（CIP）数据

中国黄蜡石 / 蔡中华主编. -- 扬州 ：广陵书社，
2016.9
　（中国赏石丛书）
　ISBN 978-7-5554-0610-5

　Ⅰ．①中⋯ Ⅱ．①蔡⋯ Ⅲ．①玉石－介绍－中国
Ⅳ．①TS933.21

中国版本图书馆CIP数据核字(2016)第234777号

书　　　名　中国黄蜡石
主　　　编　蔡中华
责任编辑　刘　栋　金　晶
出版发行　广陵书社
　　　　　　扬州市维扬路 349 号　　　　邮编　225009
　　　　　　http://www.yzglpub.com　　E-mail:yzglss@163.com
印　　　刷　无锡市极光印务有限公司
装　　　订　无锡市西新印刷有限公司
开　　　本　889 毫米 × 1194 毫米　1/16
印　　　张　14
字　　　数　150 千字　图 216 幅
版　　　次　2016 年 9 月第 1 版第 1 次印刷
标准书号　ISBN 978-7-5554-0610-5
定　　　价　160.00 元

作者简介

中国赏石丛书

中国

黄蜡石

蔡中华，男，广东人。崇尚自然、追求天然的艺术美，尤其对奇石及古生物化石情有独钟。曾多次组织、策划、参与各省市地区等大型赏石展览活动，并担任组委会专家委员、评委、评委会主任。为国际赏石艺术馆副秘书长，美国纽约中华赏石艺术研究会高级艺术顾问，中国收藏家协会理事、中国风景园林学会盆景赏石分会理事、广东省观赏石协会副会长，中国赏石名家，澳门盆景赏石总会常务副会长兼秘书长、云南省观赏石协会顾问、深圳古生物博物馆高级顾问，广东省佛山、江门、肇庆、潮州、英德、东莞、韶关、河源、阳江、阳春等市名誉会长或顾问，《中国观赏石大全》总顾问，《中国赏石人物录》主编。1994 年至今共举办三次个人石展，并发表赏石论文及文章三十多篇次。1998 年被中国收藏家协会评为"全国百家观赏石名家"。1999 年被中国收藏家协会评为全国石文化先进个人。

2005 年 3 月 22 日应日本东京（NO.1S）电视台的邀请，前往日本东京电视台拍摄"揭秘·不可思议的事情"及有关奇石专题讲座，受到日本爱石协会会长森晶老先生的热情接待。2010 年被中国风景园林学会赏石分会评为"中国赏石名家"。2010 年被评为首批"中国观赏石一级鉴评师"。

云南黄蜡石（黄龙玉）精雕作品欣赏

序

赏石文化起源于中国，是人们亲近大自然的石文化，是中华民族传承的文化瑰宝，其历史悠久、源远流长。由北宋著名书画家米芾传下的"瘦、透、漏、皱"四字诀，是赏石文化的经典理论，一直沿用至今。

我们中华祖先所独创的"天人合一"伟大哲理，是人类对自然的尊崇、对自然的依恋、对自然的热爱，它浸染着中华民族文化的各个领域。赏石、盆景、诗词、书法、绘画等众多艺术品中，无不以清新自然为最高艺术境界。这种崇尚自然的潮流无不渗透进园林艺术之中，由自然界的山林石景发展成为附石盆景，继而登堂入室，形成了独特的赏石文化。

所谓奇石，是指自然界众多的岩石中那些具有造型奇特，有观赏价值、收藏价值和经济交换价值的天然石质艺术品，是大自然赐给人类的一份珍贵礼物。

"仁者乐山，智者乐水，仁智者乐石"，因为奇石从来都与山水相连。赏石是一门高雅的艺术，是人们用慧眼和心灵去发现的艺术，人们发自内心去感悟奇石的内在美，其中既有山农野趣、高山大海、大千世界，更有清闲雅致、怡情养性、物我相融，实在是天人合一，让人欢喜赞叹。

"仁者见仁，智者见智"，既可所见略同、兼收并蓄，亦可各抒己见、百家争鸣。这是由个人的知识结构、文化修养、鉴赏水平等因素而定。"赏石虽有一致性，但偏爱是不可避免的。"石之美是独特的自然美，是不可复制的孤品，它所表现的天然显象之丰富多姿，早已超越人们的想象空间，它所独具的诗情画意如万般风情入画来，并不逊色于其他众多艺术品。

《中国黄蜡石》由中国资深赏石名家、中国观赏石一级鉴评师蔡中华先生主编，经过连续几年的努力，搜集大量照片及文字资料，终于完稿。2016 年 6 月 29 日，在扬州园林局及有关部门主持的全国赏石专家会议上，专家学者们一致给予了肯定的评价，并为本书提出了宝贵的意见，再由该会副秘书长刘翔先生进一步补充完善。

《中国黄蜡石》由中国风景园林学会花卉盆景赏石分会主持出版。在此，我谨代表本会领导班子向参与《中国黄蜡石》出版作出贡献的各位同仁表示衷心的感谢！

中国风景园林学会花卉盆景赏石分会

理事长　陈　昌

2016 年 8 月 8 日

前　言

中华优秀传统文化是我们民族的"根"与"魂"！

中华传统文化博大精深、源远流长，包含着华夏先祖先哲无穷的智慧和精神，凝聚着历代炎黄儿女改造世界的辉煌业绩。

中华民族具有五千多年连绵不断的文明历史，创造了影响整个世界的灿烂文化，为人类文明进步作出了不可磨灭的贡献。那弥足珍贵的赏石文化瑰宝，便是人类文化宝库的一枝璀璨奇葩。

"蜡若金黄质玉莹，赏玩藏鉴雅石情。"

全国各地的人们大都喜欢黄蜡石。因为在中国传统的概念中，宇宙的黄、红、蓝三颜色"黄"为首。黄乃土地之色，黄河之象征。黄色是中华民族的共同符号，与佛教、道教、儒家思想中地位最高的黄颜色相符合。古往今来，黄蜡石美丽的黄色正迎合了人们渴望高贵富强的心理。

研究中国赏石文化的起源与中国黄蜡石文化的形成与发展，对于了解中国赏石如何由自然之物变为文化之物，如何由物化的形象变成文字符号，从而真正深入了解中国赏石对整个东方文化所形成的赏石观和审美意识，都具有深远的意义。

《中国黄蜡石》是中国风景园林学会盆景赏石分会主持的《中国赏石丛书》系列(《中国黄河石》《中国长江石》《中国黄蜡石》《中国戈壁石》《中国藏瓷》)中的一部。

云南黄蜡石（黄龙玉）精雕作品欣赏

据说黄蜡石首先发现于真腊国（今柬埔寨），故称腊石。另有说法是因石表层内呈现蜡油状釉彩而得名。黄蜡石质地的致密度、细腻程度、透光性及反射光线的柔和程度都是考虑其品级的重要指标。结构致密，质地细腻，透光性好，对光线的折射柔和，给人温润而亲切的黄蜡石绝对是佳品。"质"具体说是"透"和"润"，就是要有玻璃似的"透"和像蜡一样的"润"。冻蜡的玉化度最好，有这种特征的黄蜡石则被誉为佳品，因此倍受国人的喜爱和瞩目。

该书对中国黄蜡石的分布与成因、中国黄蜡石的历史演化、中国黄蜡石的类型与石种、中国黄蜡石的赏玩与护理、中国黄蜡石主要产区以及中国各地黄蜡石精品赏析等等，都做了详尽概述和图片展示，使广大读者能够对黄蜡石有一个较为系统的了解。

该书的出版发行，若能够推动中国黄蜡石鉴赏与收藏向前不断发展，那将是我们全体编辑同仁的衷心期望和莫大慰藉。

中国风景园林学会盆景赏石分会

副理事长　严家杰

2016 年 8 月 18 日

黄蜡石赋

天玄地黄，泱泱华尚。太宇旭勃，黄乃地康。

华族炎黄，土居故良。黄为帝皇，大河征象。

佛道儒家，崇尚正黄。子孙符号，金液流淌。

寓意富贵，召示丰年。展露华美，讴歌腾畅。

周公植璧[1]，久图谈石[2]，蜡贵孕色，古今崇黄。

米芾拜石[3]，居易诗唱[4]。徽宗御鉴[5]，平泉苑藏[6]。

蜡质致密，细腻透韵。温润佳品，柔和清赏。

冻蜡化玉，白蜡渡浪。红蜡鸿运，吉利弘扬。

泽黄德贵，艳润信上。颜值佳话，奇美锦样。

缤纷溢彩，华丽贵藏。色鲜愈人，质纯愈良。

鬼工神斧，唯妙艺强。叹为观止，自然传尚。

仙衣载道，精品无量。质色形理，天赐佳养。

粤滇雅传，美妙绝唱。吉物祥和，九州皆往。

晶蜡上善，莹光柔肠。引领红黄，紫绿齐航。

纯丽聚雅，冷艳心荡。古蜡新贵，天吉永祥。

中国风景园林学会盆景赏石分会副秘书长　刘翔

2016 年 7 月 16 日

云南黄蜡石（黄龙玉）精雕作品欣赏

注释:

1 周公,姓姬名旦,是周文王姬昌第四子,周武王姬发的弟弟,曾两次辅佐周武王东伐纣王,并制作礼乐。因其采邑在周,爵为上公,故称周公。周公是西周初期杰出的政治家、军事家、思想家、教育家,被尊为"元圣"和儒学先驱。《周礼》有"周公植璧(天然玉蜡)于座"的记载。

2 梁九图《谈石》中说:"蜡石最贵者色,色重纯黄,否则无当也。"

3 米芾(1051—1107),字元章,安徽无为县人。任官郡守,历史上著名书法家,北宋爱石家的代表。爱石之至,每得上佳石头他都要一一品题,藏于雅斋,"入玩则终日不出"。遇有石中珍品,则藏于袖中随时取出观赏,谓之"握游",甚至遇到怪石设席整冠下拜呼石为"丈",后人称他为"米颠",留下千古佳话。"引老颠书纵横千古,或从此中悟"(《素园石谱》)。他综合赏石经验提出"皱、瘦、透、漏"四个赏石原则。

4 白居易(772—846),字乐天,浙江人,杭州刺史。唐代著名诗人,爱石家。深爱太湖石,作《太湖石记》,为唐代赏石鉴赏方法唯一创始人。日本见村松勇著《中国庭园》书中赞誉白居易是真正开辟中国庭园的祖师。白居易对石收藏立论重在欣赏,"百仞一拳,千里一瞬,坐而得之。""三山五岳,百洞千壑……尽在其中。"(《太湖石记》)白居易题收藏之石"涌云石":"苍茫两片石,厥然怪且丑。"(《素园石谱》)还有诗:"三年为刺史,饮水复食蘖,唯向天竺山,取得两片石。"晚年在洛阳建"履道园",有诗:"渐空少年场,不容垂白叟,回头问双石,能伴老夫否?"退任后将收藏之五个太湖石运到香炉峰北遗爱寺西,种植松树数十株,竹千余竿围绕三间两柱,二室、四窗的草堂作垂暮之年安身之地。有诗:"弄石临溪座,寻花绕泉行,时时闻鸟语,处处听泉声。"

5 宋徽宗(1082—1135),北宋第八位皇帝,诗、书、画三绝,是历代最有艺术才能的皇帝(摘自《日本爱石史》)。他下旨将江南名花奇石上贡,地方官吏趁机横征暴敛,以致"花石纲"成了方腊领导农民起义的导火线之一。受皇帝的影响,历代的达官贵族也纷纷搜集奇石装点自己的宅苑。

6 李德裕出生于公元787年,赵郡(今河北赞皇县)人。他的父亲叫李吉甫,唐宪宗统治时期曾任宰相。有宰相爹爹铺路、提拔,再加上自身具备不错的政治、文化修养,李德裕前半生的仕途可谓一帆风顺,从监察御史、中书舍人、御史中丞、兵部侍郎、兵部尚书一路高升,直到他"子承父业",在唐武宗会昌年间(公元840年—846年)任宰相。李德裕当了6年宰相。这6年,他可真是"春风得意马蹄疾"。在洛阳南郊龙门山大兴土木,修建平泉山庄。宋《渔阳公石谱》记载:"广采天下珍木怪石为园池之玩。"卫公将大批的泰山石、灵璧石、太湖石、巫山石、罗浮石、英黄石(蜡石)等,配以珍木异卉、湖溪流水,精心构筑成名山大川。平泉山庄的造园技巧已有很高的水准。奇石都镌刻"有道"二字,以示"此中真意"。醒酒石是卫公的至爱。明林有麟《素园石谱》记述:卫公"醉即踞卧其上,一时间即清爽"。并在醒酒石上刻诗云:"韫玉抱清辉,闲庭日潇洒。块然天地间,自是孤生者。"卫公曾遗言后人:"凡将藏石与他人者,非吾子孙。"冀望爱石永伴平泉。

云南黄蜡石(黄龙玉)精雕作品欣赏

中国著名赏石家游国权题词

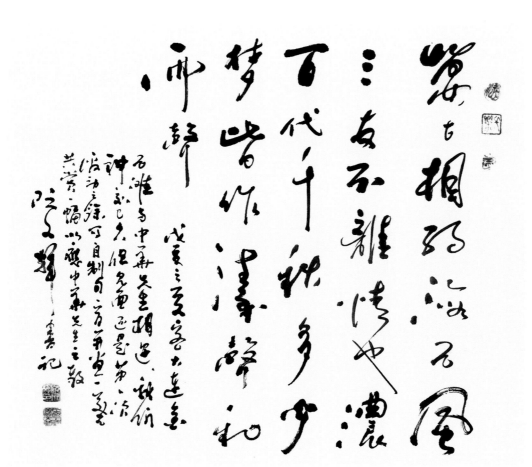

中国著名赏石家阮文辉题词

赏石雖有一致性但偏愛不可避免

一九九六年七月參讀張源同志用廣州世華同志贈石有感之郵句

中華奇石

蔡中華同志屬書　武中奇

中国著名赏石家张源题词　　　　江苏省画院副院长武中奇题词

中国赏石

中国著名画家关山月题词

中国著名国画家黎雄才题词

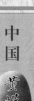

目 录

一、中国黄蜡石的分布及成因

黄蜡石又名腊石，因石表层内蜡状质感色感而得名。黄蜡石首先发现于真腊国（今柬埔寨），故称腊石。另有说法是因石表层内呈现蜡油状釉彩而得名。黄蜡石在岩石学上是一种石英石，主要成分为石英。黄蜡石硬度大，摩氏硬度在7°左右，韧性也强，极富稳定性。其表层为黄蜡油状，切面石心部分多为粉白或黄白、乳白色的石英微粒，其油蜡的质感源于石英，颜色则来自表面铁元素的氧化。黄蜡石是蜡石中最常见的一种，是石英石因地质变动破碎而滚入酸性的泥土中，并长期受酸性物质的低温溶蚀，使其表面产生蜡状釉彩。其中一部分又因山洪暴发，滚入山溪中，经河水搬运而流入江河，经多年的溪水冲刷及沙砾摩擦，表面变得油光滑腻，又经水中各种矿物元素的长期渗蚀，产生多种色彩。

黄蜡石是我国现有几百个赏玩石种中分布较广、质量最好的一个石种。其中出产蜡石最多、质地较好的有广东、广西、云南、海南、浙江、安徽、江西、辽宁等八大省产区，其他省份有湖南、湖北、河南、河北、山东、山西、四川、重庆、贵州、福建、甘肃、宁夏、陕西、新疆、内蒙、台湾。而马来西亚、柬埔寨、缅甸、泰国、老挝、印度、越南等国家也有出产。蜡石的品种之多，出产之广，颜色之丰富，是其他石种不可比拟的。在世界上，不管石头来自何方，不管是黄色的、红色的、黑色的、白色的，只要其含有二氧化硅的石英，英岩、玉髓、玛瑙、碧玉等组成的元素成分，硬度在摩氏6°~7°，有胶状体透明或半透明的都叫"蜡石"。

黄蜡石是由石英族矿物（石英、玉髓、玛瑙、蛋白石）组成的岩石或矿物集合体，因自身所含的黑灰色硫化亚铁中的二价亚铁离子受到氧化后生成了三氧化二铁，并产生了三价色素离子，从而将灰色的石英脉、玉髓脉氧化转色为黄色至橙色调为特征的岩石。

黄蜡石属矽化安山岩或砂岩，主要成分为石英，油状蜡质的表层为低温熔物，韧性强。由于其地质形成过程中渗杂的矿物不同而有黄蜡、白蜡、红蜡、绿蜡、黑蜡、彩蜡等品种。又由于其二氧化硅的纯度、石英体颗粒的大小、表层熔融的情况不同可分为冻蜡、晶蜡、油蜡、胶蜡、细蜡、粗蜡等。冻蜡可透光至石心。黄蜡石以黄色为多见，其中以纯净的明黄为贵，另有蜡黄、土黄、鸡油黄、蛋黄、象牙黄、橘黄等色。

主要产于两广地区，石色纯正。

此外，也可以由溶解于地下水中的外来色素离子对石英族矿物岩石长期反复地浸泡、渗透、滋润、浸染而形成黄色石体甚至橙色等系列的岩石，是由"内""外"两种地质作用所形成的。普遍多呈现黄色，其化学性质极为稳定，不与酸、碱起反应，并具有光泽透明或半透明的蜡质。一般凡有蜡石的地方，均有金矿或硫铁矿或温泉。

近年来，在我国蜡石主产地的广东潮州、台山，广西的八步，云南的龙陵相继发现上乘优质蜡石。这些蜡石有"田黄的色彩，翡翠的硬度"，在传统的蜡石中包含了一部分质地清秀、温润如玉、色如黄金的蜡石，既是精美的赏玩石，又可加工雕琢成各类摆件或工艺品、

首饰等，被石界称为"台山玉""黄龙玉"或"硅质田黄"，堪称华夏蜡石中的新宠。

"黄龙玉"和"台山玉"的原岩主要由细腻的隐晶体的石英、玉髓、蛋白石等组成，在物理性质力学方面，硬度为摩氏7°左右，密度为2.65～2.7克／立方厘米，其石英的颗粒非常微小，肉眼无法分辨，需用高倍显微镜才能看到每个石英的微粒，直径仅为0.001毫米。在定名中"黄"即是黄蜡石，也是黄龙玉的主色，"龙"即龙陵主产地的地名"缩意"，"玉"即指美石为"玉"。

黄蜡石或台山玉及黄龙玉的形成均要有丰富的物质基础。首先，产地普遍含有分散状黑色、灰色或浅灰色原生硫铁矿的石英、玉髓、石英脉、硅化带、石英岩，这是内因。其次，

还要具有极为丰富的三价铁离子对石英质进行有效的浸润、染色的温热气候条件和稳定的环境。再次，要有高价铁离子长期浸染或有利于氧化转色的充足时间和空间，经过数百万年后才能形成。这是外因，是变化的条件。这三者缺一不可。在乌兰浩特市归流河发现的珍稀黄蜡石无论是视觉或手感，都给人一种愉悦感。"石不能言最可人"，也许这就是最好的注解，有一种清雅之气，让人怜，让人惜。

湖南黄蜡石主要产于湖南省桂阳县太和镇、城郊乡境内官溪河段，泗洲、华泉、莲塘、桥市等乡镇有部分分布。该石坚而细腻，硬度为摩氏 7°左右，色泽为金黄，石表滑润，块体以 15～50 cm 大小居多，质地以细蜡、晶蜡为主，偶有冻蜡。另外，地处五岭北麓的江华，境内高山耸立，林木参天，群山起伏，沟壑纵横，有九江十八河，分岭东、岭西两大块。东边山势陡峭，西边沃野平畴，境内河流或湍急或平缓，溪流遍及山谷原野，河床蕴藏的奇石资源极为丰富。加之拥有丰富的矿产资源等诸多因素，形成了别具江华特色的奇石品种。主要有红花蜡石、黄蜡石，此外还有绚丽斑斓的铁包金、文化内涵丰富的水冲画面石、令人百看不厌的黑珍珠，更有弥漫古色古香的青花石等。

二、中国黄蜡石的历史演化

中国黄蜡石的赏玩文化源远流长，可追溯到春秋时期。《史记·留侯世家》中载汉朝开国功臣张良，将一方天然黄（蜡）石供奉家中。唐代是历史上最重要的时期，以韩愈为代表的一批名宦精英陆续来到广东潮州，这些人很多都是饱学之士，他们带来了中原文化的精粹，传播弘扬儒家思想，为潮州作出了很大的贡献。在这一时期，有一位中国赏石文化史上最著名的人物，唐代赏石藏石泰斗来到潮州，他就是晚唐的宰相后被贬任潮州司马的李德裕（字文饶）。他一生爱石藏石，据《平泉草木记跋》《素园石谱》中载：李德裕穷平生之力营造平泉庄，并藏有各种奇石千余枚，奇石佳木林立左右。他所藏奇石上皆刻有"有道"二字，别有趣味。李德裕作为唐代赏石大家，为当代的赏石文化推波助澜，开创了大唐赏石文化的新风。他熟谙石理，透悟石性，视石如宾客；他崇尚自然，师法自然，追求那"世事风尘外，诗情水石间"的境界。他一生作了很多题石诗文，如《题罗浮石》《题奇石》《海上石笋》《咏石》等。唐代是中国赏石文化形成的时期，以李德裕等名宦士大夫诗人为主导的藏石家们，提出了独有的

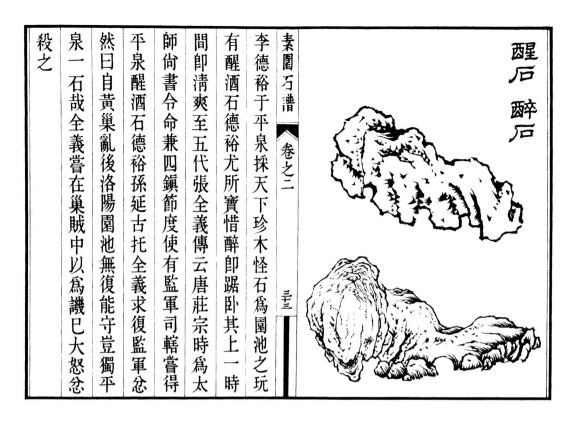

赏石理念。曾经得李德裕指导的白居易写成《太湖石记》，就是中国较早的论石文章，为中国的赏石文化奠定了理论基础。李德裕一生痴石如命，他曾留下遗训给子孙："凡将藏石让他人者，非我子孙也"，足见他爱石的程度。李德裕在潮州处事认真有政绩，有很好的口碑。如今，潮州人还相传李赞皇（李德裕）"玉象飞化鳄鱼潭"的故事。历史上，潮州曾建有"二相"和"十相留声"的牌坊，这就是纪念李德裕等先贤。

宋代是中国赏石文化史上的一个高峰时期，出现了苏轼、米芾这两位最富有传奇色彩的赏石人物，并提出了皱、瘦、透、漏等赏石的理念，为中国赏石文化奠定了基础。这个理念至今仍为赏石界所借鉴。

宋代潮州名士吴复古（字子野，号远游），生于宋景德元年（1004），为潮州八贤之一，是著名的藏石大家。他性格奇特，志趣超逸，喜云游四方，广交天下贤士，但不慕利禄荣华，自称"黄卷尘中非吾业，白云深处是我家"。他与苏轼情谊甚浓，交往至深，据说苏轼的《潮州昌黎伯韩文公庙碑》一文就是吴复古受当时知府王涤所托请苏轼写的。当年65岁的吴复古游登州（今山东省蓬莱市）北海（今渤海）时，采得十二方秀色灿烂的美石，并将美石运回南海（广东）。苏轼并于元祐八年（1093）八月十五日为其作《十二石斋记》，又名《岁寒堂十二石记》。"近世好事能置石者多矣，未有取北海石而置南海者也"。在北宋当时交通条件很不发达的情况下，运石几千里，可是一件很艰辛的事，难怪苏大学士称之为"未有"。吴复古筑庵藏石，苏轼为其庵题名"远游庵"，侧有"岁寒堂"，位于广东省潮州市灶浦镇的麻田山中。此处系潮州八景之一，称为"麻田紫气"。吴复古晚年隐居于远游庵设馆授徒，赏石清心，深得养生之道，享年九十七岁，这真是"乐石者寿"也。

清屈大均《广东新语》云："岭南产蜡石，从化、清远、永安（现紫金）、恩平诸溪涧多有之……色大黄嫩者如琥珀，其玲珑穿穴者，小菖蒲喜结根其中。"

黄蜡石是岭南石玩界广为流行的石玩，是传统赏石中质地最为坚硬致密的一种。大者进身于四大园林名石之列，但质地稍嫌粗涩；小者堪与印石之王田黄相颉颃，润滑细腻，质胜于玉，久经把玩，包浆滋润，极富灵气，是"握游"佳石。

但是这也以地方而论。昆石由于太稀少及昂贵，现在赏石界部分人不认识昆石，流通较少。雨花石在扬州、南京一带知名度更高。而蜡石近年来广东、云南、广西乃至全国的知名度提高了，这与近年蜡石的出产地和赏石收藏家的努力宣传有很大的关系。早在 1994 年 4 月，由广州足球报主编严俊君先生组织了广东广西蜡石八珍观赏会（又名"两广蜡石研讨会"），在广东民间艺术馆陈家祠展出了几十方精品蜡石供游人观赏。

清道光甲辰年间，清末翰林广东顺德梁九图先生在梁园（在今广东省佛山市，是广东四大名园之一）中建有十二石斋。他在《福草辑》中曾有《谈石》之记载：忆岁甲辰游衡阳湘归，购腊石九，已复购三石，因言斋"十二石斋"。后来请张南山、黄香石、陈礼等四方名士为十二石斋题诗赠楹联，使十二石斋名重一时，距

今已有百余载。当时十二石均配有座，并编排序号，今已散失无踪，唯有编号为"梁氏八"的一方"仙桃峰"存世，石高 38.2 厘米，宽 36 厘米，重约 132 斤。广东地区还收藏有许多好石，清代的蜡石"洞天一品"和明代的岭南白蜡石"白羊羔"等均被广东省中国文物鉴赏家协会会长谢志峰先生珍藏于他的节香楼"知石斋"中。

另据清代谢堃《金石琐碎》中记载："腊石者，真腊国所出之石也。石坚似玉，非砂石不能与琢也。昔之人曰：砆砆乱玉，砆砆即蜡石也。"

（明）陈洪绶《米芾拜石图》

中国赏石丛书

中国
黄蜡石

由此这可见，在清代蜡石就贵重如玉了。

又据《广东新语》卷五《石语·蜡石》中载："岭南产蜡石，从化、清远、永安、恩平诸溪涧多有之。予尝溯增江而上，直至龙门，一路水清沙白，乍浅乍深。所出蜡石，大小方圆，碌砑多在水底，色大黄嫩者如琥珀，其玲珑穿穴者，小菖蒲喜结根其中。以其色黄属土，而肌体脂腻多生气，比英石瘦削崭岩多杀气者有间也。予尝得大小数枚为几席之玩，铭之曰：'一卷蒸粟、黄润多姿。老人所化，孺子其师。'"

据载，明成化年间，潮州人进士吴一贯，为报答澳头郑家养育之恩，修本陈奏宪宗皇帝。宪宗恩准，赐拜石三块，传旨潮州府，置石澳头郑家庙，郑家庙因御赐拜石而名扬八方。古时在潮州北门某神前祭祀时，供奉桌上除三牲米果外，还供奉有奇石，其中一方蜡石"仙桃"，其色泽鲜润、黄里透红、娇嫩欲滴、惟妙惟肖，令人真假难分，还以为是"真"鲜桃呢。

古黄蜡石《仙桃峰》

关于蜡石，民间还流传有鹰潭黄蜡石故事，讲述了金丹玉名称的由来。民间传说第一代天师张道陵张天师在江西鹰潭市龙虎山炼金丹期间，多余炼丹药水被道童倒于龙虎山脚下，久而久之流入附近河道中，周围的河水都变成了金黄色。储藏在河床底下的蜡石因长期受金丹药水的浸泡大多变成了黄色，后来大家就把蜡石取名黄蜡石，也有很多人称其为"金丹玉"。

从前潮州每逢元宵佳节，家家户户摆花灯、供奉三牲蔬果。其间，有一些大户人家商号也供奉上乘的蜡石精品，供游人观赏。这也许就是我国最早的"蜡石展览"吧。

蜡石造型常见有飞禽走兽、瓜果、人物，是富有诗情画意、五彩缤纷的画面石，但好的山形景观石较少见。但晚清洋务派丁日昌所藏的一方古蜡石，题名为"咫尺千里"，是一方非常珍贵的山形景石。丁氏后人于民国年间将此石卖给开古玩店的郑氏，之后郑氏又将此石与林汉标（广东省盆景协会、雅石根艺委员会会员）先生换得古花盆两个。此石宽34厘米，高30厘米，三峰并起、主次峰分明，石面古朴包浆、苍老多皱，悬崖与山洞、峰峡分明。有高山流水，左下角有一洞穴，有坡脚，稳重端庄，秀峻雄伟，集景观名胜于一体。石头景观有"横看成岭侧成峰，远近高低各不同"的效果。不管从哪个角度看，令人百看不厌，回味无穷，这不愧是一方弥足珍贵的古蜡石。该石于2000年10月在广东省盆景协会主办的第三届（湛江）粤港澳台盆景雅石博览会上展出并获金奖。

台山蜡石产地风光

台山蜡石第一手市场

三、中国黄蜡石的种类

蜡石是世界上分布最广、最多的石种。蜡石一般用颜色加地方命名，如：广东潮州黄蜡石、台山乌鸦皮蜡石、广西八步红蜡石、云南黄蜡石、黄山红蜡石等。不论其来自何方，产自何处，何处颜色，都叫"蜡石"。蜡石可分为五类：

1. 冻蜡：质地冻透、纯净柔姿、温润液足（水头足）、坚密如玉，呈透明或暗透状，似冰冻的肉。有荔枝冻、红肉冻、玻璃冻、甜稞冻、鸡油冻、年糕冻、菠萝冻等。冻蜡为最高等级也是价值最高的石品。其最好的冻蜡可加工成各类饰品、摆件、手镯，价等黄金。

2. 胶蜡：质地坚硬，状如凝结之蜡，充满油脂质感，透明或半透明，水洗度好，坚密如胶结状。如：黄枝蜡、幼肉蜡、象牙黄蜡等，

是赏玩石中的精品，历来备受收藏者的钟爱，有极高的赏玩价值。

3. 幼蜡：又称细蜡，在蜡石中较为常见。其质地细腻、光洁柔顺、皮壳厚实，在老一辈赏玩家中尤为喜爱。幼蜡讲究皮壳老辣，经日久供养把玩、抚摩，显得格外古朴风雅。其包浆苍润，有古董类赏玩风格，是较有品位的上乘赏玩。

4. 晶蜡：石质多含晶体或伴有水晶及其他包裹物，晶莹剔透，清纯可人，变化较丰富，显得娇嫩亮丽、可爱宜人，给人一种清新纯真感。在赏玩石中也较受欢迎，有较高的收藏价值和经济价值。

5. 粗蜡：是蜡石中品位较低的一种。因其石质松软粗糙，光泽暗淡、水洗度不够，一般

大、中者众，大者数吨，可作单景园林摆设，中者也常见于园林布景或单独摆设，中小者常见作叠石、假山或铺路等用。

另外，黄蜡石的分类还可参考以下三个方面：

1.色质：蜡石中的大部分为黄色，也有其他颜色的蜡石，如红蜡、白蜡、黑蜡、紫蜡、绿蜡等。彩蜡是对各种紫、红、绿色等彩色蜡石的总称，花蜡是指一块石头上具有两种或两种以上斑杂颜色的蜡石。

蜡石按其色彩分类有：黄蜡石（含锰成分）、褐蜡石和黑蜡石（含铁成分）、红蜡石（含氧化铁成分）、彩蜡石（含多种矿物成分）、白蜡石（未经矿物质渗蚀，只因长期受水的渗浸而产生蒙蒙的白膜）等五大类。黄蜡石为收藏的常规品种，色、质俱佳的为上品，彩质蜡石是为稀有蜡石品种，尤其是好的彩冻质、彩胶质、彩晶质罕见。

2.纹脉：如晶体纹、网格纹（网纹）、蜂窝纹、斧劈纹、珠状纹（葡萄纹、珍珠纹）、金钱纹等，还有层叠纹、水滴纹、古钉纹、竹枝纹、流水纹、荷叶纹、风云纹，都是从形象的角度描述纹理的特征。浙江武义、松阳蜡石，安徽黄山蜡石、河南栾川蜡石，经常发育各种纹理。岭南蜡石发育纹理的相对较少。云南龙陵的一些黄龙玉，发育有精美的黑色草花，是其独有的特征。

3.外形：有些蜡石的表面具有特定图案的凹凸起伏的纹理。从形态方面看，蜡石虽是以敦厚浑实者居多，却颇能给人稳重自然之感。有的是蜂巢形的，视之有峰峦迭起、悬崖峭壁之感，参差不齐却错落有致；也有呈珠状的，白则如千年珍珠般晶莹光滑，黄又似熟透枇杷般油亮浑圆。

林明·潮州蜡石《灵芝》

四、黄蜡石"贵于色、重于质"

清代道光甲辰年间（1844）广东顺德藏石名家梁九图先生在《谈石》中提及："蜡石最贵者色，色重纯黄，否则无当也"。蜡石在品赏鉴评中，与其他石种有较大区别，蜡石以"色、质、形、纹"作为首要，而其他赏玩石的鉴评理念是"形、质、色、纹"，所以笔者认为评比蜡石的"鉴评标准"应与其他石种作特殊的评分和另类鉴赏。

古今玩藏蜡石者都十分注重石色（包括现在的云南龙陵蜡石，广东潮州、台山，广西八步产区等）。历来玩赏蜡石的人，第一眼见到蜡石时，就是先看它颜色是否好，质量是否"冻"。其次再看"形"，优美纯正的黄蜡石无论从远近看，都会给人一种美感。蜡石常见有：黄蜡石、红蜡石、花蜡石（又称彩蜡）、白蜡石、黑蜡石、紫蜡石、绿蜡石、棕蜡石等，但以黄蜡石为多见。

黄色代表富贵吉祥与权势。据史料记载，从唐朝武德年间开始，朝廷便下令禁止民间使用黄色，特别是黄色的衣服、马褂更在严禁之列。从那时起，直到封建统治结束的一千多年间，一切黄色（包括金黄色）的用品，只有皇宫、皇室和朝廷的达官贵人才准使用，也即显示尊贵和权力的象征。

上乘的蜡石，质纯如金，珠光宝气，润泽光滑，绚丽多姿，晶莹透彻。其黄如金，红似火，绿如翠，黑如墨，白如雪。摆设在厅堂，显得金玉满堂，其红得吉祥喜庆，鸿运当头；白得高洁无暇，素雅脱俗；黑得古典庄重，神秘莫测；彩得层林尽染，五彩缤纷，使人百看不厌。蜡石以黄色为多见，其中有金黄、橙黄、蛋黄、淡黄、鸡油黄、象牙黄等。红色有大红、鲜红、粉红、鸡血红等。白色有雪白、灰白、瓷白、珍珠白等。彩蜡是由两种以上的颜色组成，有大细花之分，三彩、五彩、七彩、线彩、点彩等。

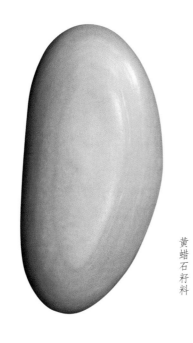

黄蜡石籽料

为主，其结构密度大、水头足、硬度高、颜色纯。再加上有"形"，那就更是神品了。蜡石讲究"四品"：一品"色"，二品"质"，三品"形"，四品"纹"。这"四品"是作为蜡石赏鉴的首选理念，也是对蜡石的鉴评标准，应根据蜡石的特有性标准评分。

黄蜡石的形和其他石类大同小异，一般常见的有人物、景观、抽象、动物、瓜果、图案（包括文字、纹理）等物象。

黄蜡石的纹理变化非常丰富，可分为两大类。一类为浮雕纹，有高低凹凸纹理，也是石面的"皱"所组成的图案。另一类即由颜色线条的平面光滑图案组成（一般水洗度较好的彩蜡较多见），有网状纹、金钱纹、挂珠纹、滴水纹、虎皮纹、菊花纹、哥窑纹等。

张茂青永安蜡石《年年有鱼》

棕蜡有浅棕蜡、深棕、黄棕、红棕等。蜡石的颜色五花八门，应有尽有。

黄蜡石的质非常重要，质好的蜡石以冻蜡

五、黄蜡石的赏玩与护理

蜡石是充满神奇的"集万千宠爱于一身"的赏玩宠物。其神秘的面纱，有待人们去解读，难怪蜡石收藏者有"藏石如藏金"的说法。当你心情不悦之时，将爱石抚摩于手中，或把石贴于面部甚至胸部，顿感清凉温润、烦恼即消。当你在夜深人静之际，专心致志地慢慢反复细摩爱石，你会感到一块硬邦邦的石头一下子变得温顺可爱，柔刚相济。其细腻的肌肤温润可

爱，使你立即感到不是一块蜡石，犹如一位妙龄少女在你身边，不妨与其对话吧！

黄蜡石之所以能成为名贵观赏石，除其具备以上特点外，还有湿、润、密、透、凝、腻"六德"。黄蜡石的石质相当好，特别是冻蜡，透剔晶莹。当今赏石家们多以单体蜡石独自摆设为主，配上稳妥合适的底座，选其完美无损，至重于"色、质、形、纹"。蜡石在造型上，广东

即偏重于立式摆设，其中以峰笋怪岩、云头雨脚、象形物类等尤为喜欢。也有赏玩"母子石"配搭，但两石颜色必须相同，最好是同一产地，由主石（母石）与配石（子石）组成。母子石神态要吻合，先定主石向势面势，再将配石在围绕主石最合适的地方配置。母石要高大些，子石要矮小些，完美的母子配合，能体现出玩石人的创意以及在艺术上的创新。母子石的呼应、和谐的吻合、高低大小的匹配等都非常考究，也深受藏石界的好评。还有一种将类似花朵、花蕾等组合于一根艺座上，再配上几只小鸟在枝头上，这种小品石的搭配也很受欢迎。

　　另有一种是民间流传的"手玩石"，石的大小不超过手掌。一般选较温润完滑、水洗度好，无尖利刺手之类的小品石。闲时把玩于指掌之间，或置于案头时常抚摩，有如盘玉一般。久而久之，石显光滑苍润、包浆古朴、手感十足，更可锻炼身体，使手指灵活敏感，何乐而不为？

　　黄蜡石在采运中必须小心谨慎。在沙土或河水中掘取时，一般忌用利器或硬物打撬或撞击，以免弄破损伤石肤。由于蜡石皮肤有如人的皮肤，有一层毛孔，硬度也较高，若破损是无法修复的。如若打磨修复就不天然了（一般对蜡石赏玩有经验的也会看得出来），这正是"赏石贵天然"的道理。蜡石在包装运输中最好是因地制宜，就地取材，用沙或泥分隔开石头，免得互相摩擦碰撞，损伤石头。

　　当蜡石运回家中后，认真用水清洗杂质或水垢，再安排选石配座。石座配好后还得将石清洗一次，待石晾干透后用较好的矿物油或高级婴儿润肤油涂抹于石上。再用塑料布将石头密封包好，存放一段时间后，使其石肤吸收后更显得润滑可爱（一般冻蜡或较好的蜡石不需加搽油）。有的蜡石待冬天北风吹或阳光曝晒后，再搽一次油，等一段时间后蜡石就自然不用再搽油了。平时用湿布或带有油的布搽一下更佳。

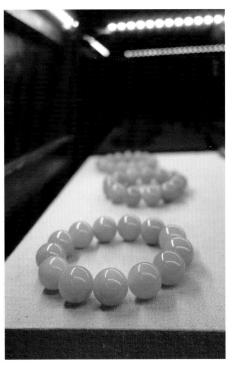

黄蜡石饰品

六、中国黄蜡石主要产区概述

（一）广西蜡石

广西壮族自治区属多山地区，群山峻岭，江河遍布，江水流速湍急且落差大。这些特殊的大自然条件，造就了广西拥有众多美丽的石头资源，产量大，品种多，品质之优列全国首位。

蜡石在广西资源丰富，区内大部分地区均有出产。目前经开发和产量较大的集中在桂林、柳州、贺州、岑溪四市。四地的蜡石品种特点鲜明，各有千秋，同属国内蜡石大家族中的佼佼者，深受广大蜡石爱好者喜爱。

桂林三江蜡石资源丰富，个大有型为其鲜明特点。山形景观，动物百态，皮皱洞漏，古朴壮观，是城市街区美化园林景观、大型藏石馆等极佳选择石种。桂林平乐、柳州融安地区的蜡石个小精致，形状怪巧，色泽金黄，质润皮泽，玲珑剔透，是家居柜展、精致藏馆、手中把玩、小品组合之最佳石品。

岑溪蜡石，皮亮完整，质刚声脆，形象丰富，线条流畅，相若铜塑。亦有润质品种，润泽皮滑，色重古朴，很受石友喜爱。

除了上面所说的四个主要蜡石产区外，地处广西东南部，隶属玉林市的博白县的奇石资源也非常丰富。除了最近几年风靡玉石界的南流江彩宝玛瑙外，水晶、云母、高岭土、黏土、膨润土、花岗石、石灰石、钾长石、石英石、方解石、冰洲石、磷矿石、硫铁、玛瑙、腐殖酸土、滑石、石膏、煤泥炭、蜡石也随处可见。其中，蜡石主要产在南流江唐村和大利河段，有纯色、带黄沙点及竹叶纹等品种，蜡质细腻，水洗度好，深受蜡石玩家的追捧。

贺州的蜡石资源十分丰富，品种多达百种之多，辖属县区均有出产。钟山县花山的玛瑙纹蜡石、红花的五彩胶蜡等，富川县的红蜡、黄蜡、彩蜡等，昭平县的五彩胶蜡、黄金卷纹石等，上述三县的蜡石量少珍稀，均属蜡石石友至爱的石品。

贺州蜡石的主产地在八步里松镇，蜚声华夏石界的"八步红冻"就出产于此地。里松蜡石的品种达50多种。鸡血冻、荔枝冻、红冻、绿冻、五彩冻是贺州（八步）蜡石名品，国内唯贺州独有，弥足珍贵。

里松蜡石的四大特点是色艳、质坚、种多、珍稀。其质冻如荔枝肉，润似田黄，五彩纷呈，艳丽夺目。红的象征热烈喜庆，吉祥幸福。黄者体现皇家气派，金碧辉煌。绿色表现清新雅致，超然脱俗。为美化家居厅堂、风水布局的上佳石品。

贺州蜡石的上品胶蜡——五彩冻蜡还可以作玉雕良材，戒面，串珠，手玩把件，挂摆件，晶莹玲珑，宝气十足，可与其他玉雕作品相媲美。

贺州（八步）开发和赏玩蜡石的时间较长，上世纪八十至九十年代已成风气，早期广州等地的赏石前辈都慕名常来采集珍藏。每得一件佳品，如获至宝，津津乐道。移居海外的前辈名家都爱物随身，留洋珍藏。

贺州市的观赏石条件得天独厚，石友众多，赏石氛围十分浓郁，赏石水平自成风格。每逢国内重大石展都积极参与，摘金夺银，成绩斐然。近年市场初具规模，店铺林立，不久的将来，有望成为桂东地区最大的奇石集散市场。

张伟武·贺州竹叶皱蜡石《道骨仙翁》

（二）云南黄蜡石

云南省地处我国西南边陲，北回归线横过南部，东与广西壮族自治区和贵州省毗邻，北以金沙江为界，与四川省隔江相望，西北隅与西藏自治区相连，西部与缅甸唇齿相依，南部和东南部分别与老挝、越南接壤。境内雪峰与峡谷相伴，高山与坝子相连。江河纵横，有长江、珠江、红河、怒江、澜沧江、伊洛瓦底江等六大水系，水能资源在全国首屈一指。大江大河孕育出了丰富而又多姿多彩的奇石、美玉；奇山峻岭产出了无数珍稀的化石与矿晶，云南石友无不感到寻石与藏石的幸运，无不由衷地感谢大自然的厚爱与恩赐。

云南是人类起源的重要地区之一，早在170万年前就生活着元谋人等原始人类，考古发现了数处新、旧石器时期的遗址。云南赏石文化历史悠久，天然大理石画的开采、赏玩、收藏历史可追溯到1000多年前的唐代。这一优秀石种的开发、赏玩自古以来就受到海内外藏家的青睐，被赏石界不少的大家珍藏。清王朝收藏的国宝级大理石至今尚存于北京的故宫、天坛等皇家建筑之中。根据观赏石资源调查统计：云南省内具有观赏、科学和经济价值的观赏石多达160余种。最具代表性的优秀石种是：历史悠久、令丹青高手也自愧不如的天然大理石画；以金沙江、怒江、澜沧江、红河为代表的"质、形、色、纹、韵"俱佳的江河水石；产于会泽县、昆明市东川区的金光灿灿、千姿百态的云南铁胆石；由云南石友最早发现并引进赏玩的树化玉（云南瑞丽市已成为全世界最大的树化玉销售集散地）；以黄红为主色调的云南黄蜡石、黄龙玉以及文山州、红河州、怒江州、玉溪市的祖母绿、红、蓝宝石、碧玺及各类古生物化石等在业内也有不小的知名度。

在此，笔者需要重点介绍给各位石友的是中国最具特色的云南黄蜡石——黄龙玉：

云南蜡石——中国蜡石大家族中的佼佼者

云南蜡石（即以黄蜡石、黄龙玉为主的蜡石）发现和赏玩的历史远不如明末清初就开始的两广（广东、广西），但一个不容忽视的现实是，云南蜡石的赏玩确有后来居上之势。特别是对这一石（玉）种的科学研究、著书立说、媒体宣传、展示、展销以及市场的打造等方面都做出了卓有成效的成绩，将我国蜡石赏玩在继承传统的基础上又赋予了更多的新意。特别是将黄蜡石中的极品从"石"中分列出来列为"玉石"一类，这是前无古人的创举，是我国蜡石赏玩的一个里程碑，是赏石界一个可喜可贺的大好事。

云南蜡石主要分布在滇西的保山市、德宏州、临沧州境内，以产于保山市龙陵县的为最优。其中的佼佼者，即隐晶质（其结晶体要在高倍显微镜下才能看到，最小的颗粒只有0.001毫米），温润细腻，晶莹剔透，色彩艳丽。我们将它从显晶质（其结晶颗粒肉眼可见）的、色彩表里不一的普通蜡石中分列出来，作为玉石来赏玩。因为这些高品质硅质玉的主色调是黄色，且产于龙陵，故将其命名为"黄龙玉"。综合中国科学院地质与地球物理研究所、云南省产品质量监督检验研究所、昆明理工大学材料系对黄龙玉的研究、检验结果，张家志教授列表说明了黄龙玉与黄蜡石的相同与不同之处。

与山体相连的黄蜡石

附表：黄龙玉与黄蜡石的特征区别对照表

分　项		黄龙玉	黄蜡石	备　注
成分	化学成分	二氧化硅、铁，多种微量元素	二氧化硅、铁	物质成分
	矿物成分	富矿质玉髓	石英	
物理特性	构造	板状、腊肉状、弹子状、瓦沟状、钟乳状；复杂多样	块状为主	宏观特征
	结构	隐晶质的纹带状为主	显晶质的晶粒状为主	微观特征
	韧性	强而耐磨	性脆	
	断口	细密均匀的参差状	粗细晶屑间杂的参差状	断开面特征
	硬度	6.5～7	7	相对硬度
	透明度	半透明	透明、半透明、微透明	透光程度
	密度 /	2.58～2.71（色深者重）	2.50～2.60	体积重量
	折射率	1.52～1.545	1.50～1.54	反射光强度
成因类型		花岗质岩浆多期次活动，最晚期富矿质裂隙充填，多世代叠加沉淀生成原生玉髓矿脉；后经风化剥蚀而形成残积、坡积；洪积、冲积砂矿	由硅化破碎带的构造石英岩、热液脉石英、变质石英岩等"原岩"，经风化剥蚀，铁质氧化及浸润染色而成	形成原理
与生活中典型物的比喻		"柠檬洗衣皂"视觉感官相仿	与石蜡、蜜蜡砂糖相仿	生活对照物
温润度		温润灵动、玉质感强	蜡质感强	质地感观
色品、色质、色度、色调		极为丰富	以黄为主，表里不一	色彩特性
宝气		宝气十足	玩味不减	视觉美感
亲和力		人见人爱	玩家热爱	各领域适应性
用途		暖色系优质新玉料及饰品料高端玉质观赏石，天然把玩	暖色系优质观赏石	玩、赏的实用性
优质原石市场价		1万元～5万元/千克	10元～100元/千克	参考评估价
水料优－中品级潜资源量		百吨	万吨	资源量初估
山料优－中品级潜资源量		千吨	千吨	资源量初估
受众人群		全民皆宜	赏石界、收藏界	受众面
发现及应用年代		2004年	16世纪	发现史

云南黄龙玉产地龙陵简介

龙陵位于中国西南边陲，龙江、怒江环绕其间，是古西南丝绸之路的要冲，东南与缅甸相接，是著名的侨乡之一。全县国土面积 2884 平方千米，辖 3 镇 7 乡。境内有魏巍笔下的"神汤奇水"邦腊掌温泉群，这里的温泉集碳酸泉、氡氟泉、硫磺泉为一体，有"地球穴位""温泉博物馆"的美誉，以神奇的疗养效果闻名海内外；千古流芳的松山抗战遗址、神秘诱人的原始雨林小黑山、穿越时空的连片桫椤群……吸引了八方宾客。

中原文化、民族文化、生态文化、温泉康疗文化、抗日战争文化、黄龙玉旅游文化在这里交相辉映，大大提升了龙陵今天的知名度，使之成为了云南滇西地区的旅游热点，旅游爱好者向往的地方！

咏龙陵黄龙玉

庚寅年·悟石于昆明

浦龙恩

自古云南出美玉，龙陵有玉名黄龙。

万年梦想终成真，黄玉盛世露尊容。

一玉两玩是亮点，国色黄红当殊荣。

君若与之结玉缘，今生今世乐融融。

（三）海南黄蜡石

海南是一个美丽富饶的宝岛，正在创建国际旅游岛。由山海河流历练出来的奇石则美不胜收，其中有多种蜡石、虎斑石（蛇纹石）、浮雕石（绿泥石）、碧绿石（绿泥石类）、水冲硅化木、玛瑙和玻璃陨石等……

当今，随着国内石文化的传播和发展，海南收藏界对奇石，特别是海南蜡石情有独钟。海南蜡石已成为海南人及外来藏家精品收藏的"新宠"。不少蜡石珍品出自昌化江、保亭、澄迈、定安、万宁等地。

海南因有季风热带气候，雨量充沛。加之，30 万年前多次火山活动，地质构造发育，天然温泉多，加上主要河流发源于中南部山区，组成辐射状水系，孕育出许多精彩无比的海南特色奇石。其中，南渡江、昌化江、万泉河为海南岛三大主河流，而海南蜡石产出最多在昌化江流域（含保亭、五指山、琼中）和南渡江流域（含澄迈、定安、临高）。

昌化江蜡石质地、色彩、磨圆度、水冲度均佳，可分为红冻蜡、黄冻蜡、白冻蜡、五彩蜡、鸡皮蜡、荔枝冻蜡、胶蜡和鸡骨蜡等。大小均有，

昌化江蜡石

海南蜡石籽料

从小品石至几十吨的景观石都有。

南渡江蜡石多为浅黄冻蜡、红蜡、白蜡、彩蜡、灰蜡、胶蜡、晶印纹蜡、荔枝纹蜡及雪花蜡。一般有棱有角，水冲度好，个体较小，多见籽料。

特别值得欣赏的精致小品属昌江棋子湾旅游保护区内的五彩海蜡石籽料，其色质迷人，温润可雕，有着"海南雨花石"之称。

据了解，自2000年以来就有不少岛外人士进岛采收海南黄蜡石，预计近万吨以上，多作景观石用，少量为天然奇石收藏。

在海南，河床底下奇石资源尚未开发，但为了创建国际旅游岛，不推荐深度开发，以保持原生态环境资源为重。

总之，海南蜡石不作任何加工，以其天然特别之处，均有观赏和雕刻的双重价值。

（四）浙江黄蜡石

浙江蜡石，又称"浙江黄玉"，是中国蜡石家族中的后起之秀。由于特殊的地质背景、山水环境和人文风土，其更具丰采、更具魅力。

浙江地处中国东南沿海，长江三角洲南翼，神奇的北纬30°横贯全境，经历了漫长而又剧烈的地质变迁。大约10亿多年前，浙东南与浙西北分属于不同的古陆，被大洋分隔。约10亿~9亿年前，浙东南与浙西北拼接（华南古板块形成）。作为拼接带，著名的江山—绍兴断裂构造带具有重大科学价值。约8.2亿年前，大陆裂解在浙西北留下了双峰式岩浆岩等地质记录。约7.5亿~4.5亿年前，浙江被海水淹没。可能在4.5亿年前或更早，浙东南被挤压隆起为陆地。约4.2

亿年前浙西北也隆起为陆地。约3.7亿年前，海水再次入侵浙江，在石英砂岩—灰岩—页岩中保存了丰富的古生物化石，形成了2.5亿年前的连续的地层序列，成为研究古生代末全球重大变革事件的最好地点。约2.4亿年前，浙江西北侧的古特提期海关闭，华南与华北的碰撞形成了浙江北东方向的褶皱与断裂框架。上述地层序列与构造现象为华南古板块的演化提供了重要依据。从约1.8亿年前延续至今，浙江进入了一个新的地质发展时期，太平洋板块的俯冲和东亚大陆边缘的裂解等作用产生了大量的断陷盆地、岩浆侵入、火山喷发和矿化等地质现象，覆盖了浙江大部分地区，突出的有：浙西北的火山构造洼地、浙中的红盆河古生物化石、浙东的碱性花岗岩以及散布全省的白垩纪和古近纪火山、火山地层剖面、特殊的火山岩、非金属矿床和黄蜡石、硅化木赏石。

浙江蜡石的资源特点，一是分布广泛。几乎

江民垣·浙江蜡石《微风招菊》

遍布浙江全境，主要分布在绍兴曹娥江上游新昌、嵊州的澄潭江、长乐江流域，称越州黄蜡石或越州黄玉；金华市婺江流域的东阳、义乌、永康、武义、兰溪、浦江等地，称婺江黄蜡石和婺江黄玉；衢州市衢江流域衢州、龙游、开化、常山、江山等地，称衢州黄蜡石或衢州黄玉；丽水市瓯江流域的莲都、松阳、遂昌等地，称处州黄蜡石或处州黄玉。另外还有诸暨市、天台县、宁海市、安吉县、缙云县等地也陆续有黄蜡石发现。

二是品种丰富。浙江蜡石与广西、广东、云南的蜡石相比，在产量、品种上也不遑多让，毫不逊色。从色彩上分，通常以黄色为主，也有其他颜色的彩蜡石和花蜡石，如红蜡、白蜡、黑蜡、紫蜡、绿蜡等，彩蜡是对各种紫、红、绿色等彩色蜡石的总称，花蜡是指一块石头上具有两种或两种以上斑杂颜色的蜡石。在金华婺州蜡石中较为多见。从质地上分，蜡石的表面具有蜡质光泽的石英（二氧化硅）质的石头。狭义的蜡石质地应该是细腻，或者看上去是细腻的。但在很多石友的认知中，放宽了颗粒粗细的标准，即也包括精颗粒的，可以算作广义的蜡石。根据蜡石的透明度和颗粒粗细，蜡石有如下区分：冻蜡、胶蜡、细蜡、粗蜡。从纹理上分，由于蜡石的硬度很大，摩氏硬度6°~7°。质地细腻的蜡石韧性也非常好，可以用作玉料，做成雕件或饰品。质地偏粗的蜡石，通常只能作观赏石，这时需要有比较好的质地和纹。有些蜡石的表面具有特定图案的凹凸起伏的纹理，最常见的如金印格纹、乳钉纹、瓦沟纹、草花纹、竹叶纹、哥窑纹、晶体纹、网格纹（网纹）、蜂窝纹、斧劈纹、珠状纹、金钱纹等。

三是生成奇特。据专家考察，浙江蜡石不仅是火山喷发的产物，而且是冰川运动的物证。浙江蜡石分布的流域上游，一般有原生矿脉，中游的蜡石又往往与水冲硅化木、玛瑙、水晶、龟背石胆等硅质岩石共存。同时，在大多数浙江蜡石中，均有细密奇特的"李四光环"构造，也即石友所称的指甲纹或金钱纹。

李四光是世界著名的地质学家，是我国第四纪冰川学的创始人和开拓者，他在长期从事第四纪冰川遗迹研究过程中首先发现由石英岩和硅质岩形成的冰碛砾石表面有许多似指甲印状的弧形或环状的挤压裂纹，而其他成因的砾石（如泥石流、冲洪积砾石）则不存在。因此提出这是与冰川作用有关的特有的微构造标志。后经广大地学工作者大量实践证实，它是鉴别冰川作用存在的良好和可靠的标志。后人为纪念李四光教授的这一发现，特命名此为"李四光环"构造。浙江蜡石作为冰碛砾石，在其表面发现的"李四光环"构造，为进一步研究确定浙江地区第四纪冰川运动遗迹的留存提供了又一重要物证，具有极高的科学价值和学术意义。

山水浙江，人文荟萃，赏石文化源远流长。浙江曹娥江流域的古剡溪曾是中国山水诗、山水画、山水盆景的发祥地，也是名扬海内外的唐诗之路的精华地段，以硅化木、黄蜡石、玄武岩、禹余粮石等为主的"剡石"也声名鹊起，与剡纸、剡茶、剡桂等齐名。唐代大诗人李白在《经乱后将避地剡中留赠崔宣城》一诗中写道，

丁大干·浙江蜡石《鸿运》

"忽思剡溪去，水石远清妙"，赞赏这一带的美石。唐代诗人许棠《送省玄上人归江东》诗写道"安禅思剡石，留偈别都人"，剡石成为客居长安的剡僧思归的寄托。至晚唐，著名诗僧齐己，对剡石情有独钟，托友人赠送给隐居庐山的好友唐彦谦，唐以《片石》诗记事："小斋庐皂石，寄自沃洲僧。"可见当时剡石的独特魅力。时至当今，政通人和，浙江赏石藏石之风方兴未艾。浙江蜡石历经千年沉寂，再一次乘尚石之风而蓬勃兴起。早在上世纪九十年代，浙江新昌陈永君、嵊州赵樟华等跋山涉水，探源溯流，追寻剡石，开始打响越州蜡石品牌。新世纪初，随着婺州蜡石、衢州蜡石和处州蜡石的大规模发掘，浙江蜡石的产量、品种不断丰富，吸引了全国蜡石爱好者的目光，在越州的新昌、嵊州，婺江的金华、兰溪、武义，衢州的衢州市等地都自发地形成了众多以蜡石为特色的奇石市场。还有闻名中外的义乌文博会，也有浙江蜡石的一席之地。正因为如此，浙江蜡石身价倍增。质色俱佳、可雕可琢的玉髓质蜡石，省内外石友更是趋之若鹜，不断演绎"疯狂的石头"现实版，形成了浙江石界的一大产业集群。浙江蜡石或浙江黄玉正在全国石界形成一大响亮的品牌，成为继浙江水冲硅化木之后又一主打石种。

如果说，浙东唐宋时期的"剡石"大放异彩，是浙江蜡石的"春天"，那么当今浙江大地普遍涌现的蜡石热就是浙江蜡石的"秋天"。如今的浙江蜡石界，可谓藏家辈出，精品纷呈。浙江蜡石收藏有十大家之说，他们是新昌的陈永君、嵊州的刘岩坚、浦江的戴巨浪、永康的杨斌、武义的徐子华、兰溪的石磊、松阳的陈建伟、东阳的王正尧、衢州的袁洛阳、遂昌的廖展华。浙江蜡石精品有何坚毅的《白云生处洞天开》

《秋波荡漾》，张国民的《鸿运当头》，吕士君的《虎回头》，陈永君的《酒囊》，尹建平的《珠联璧合》，王洋海的《岭南佳果》，王志刚的《翰墨春秋》，朱君伟的《东坡肉》，叶林的《玉带桥》，徐建明的《寿星》，戴巨浪的《美味佳肴》系列组合，徐晓军的《寿桃》等均是出手不凡、名闻遐迩的精品。这里值得一提的是龙游的童国泉选送的蜡石精品《日出》《宝莲灯》，在上海"品赏石·迎世博"中国国际赏石精品博览会上荣登"迎世博极品石"之列，为浙江蜡石赢得了最高荣誉。

近年来，随着云南龙陵黄龙玉雕件饰品的兴起，浙江蜡石也不甘落后，不少石友纷纷以玉髓质蜡石为材，延请江苏苏州和河南南阳玉雕工匠，精雕细琢了大量浙江黄玉饰品，为浙江蜡石开辟了又一方新的天地。

（五）安徽黄山蜡石浅谈

黄山奇石以蜡石为主。黄山蜡石的硬度在摩氏 7° 左右。黄山蜡石石皮俱佳，色泽美润，深受玩石人的宠爱。

黄山蜡石的形成是由地下熔岩迸发至地表冷却而成。黄山蜡石的原岩为乳石英、石英砂岩、石英岩，主要成分是二氧化硅，其颜色是由铁质、锰质等金属矿物渲染结合而成。

黄山蜡石可分为冻蜡、胶蜡、晶蜡、细蜡和粗蜡。主要颜色有黄蜡、白蜡、紫蜡、绿蜡、酱蜡、红蜡、黑蜡和彩蜡等。

黄山蜡石的纹样非常丰富。主要有皮面纹、

黄山风光

洪祁·黄山珍珠蜡石《珠光宝气》

晶印纹、斧劈纹、蜂窝纹、鸡爪纹、瓦沟纹、叠层纹、鸟巢纹、云水纹、雪花纹和葡萄纹等。

黄山奇石除蜡石外，还有乌金石、豹纹石、绿彩石、景纹石、黟县青、紫云石和徽州纹石等。

石可通灵。人与石的缘分，早在中国五千年文化中，就留下许许多多脍炙人口的美好传说。一品黄山，来者是客，真诚地欢迎大家到黄山观山、品茗、赏石、交友。

（六）江西上犹黄蜡石

江西省赣州市人杰地灵，物华天宝。宋代杜绾写的《云林石谱》详细记载的江西名石上犹石，就产于风光旖旎的赣州市。上犹石，古代就作为贡品进入皇家庭苑装饰点缀的珍品，如今在江西赣州早已入藏平常百姓家中，成为当地人追求文化高雅、生活富裕的象征。

上犹蜡石是上犹石品种最全、数量最多的种类，是上犹石的精华，主产于上犹江及其上游的支流平富河、云水河、石溪河、夹河、横水河、晓水河等地，蕴藏量极其丰富。因上犹江上建有仙人陂、陡水、罗边、南河、龙潭五大电站，库面辽阔，水深十几米至几十米，采撷上犹蜡石十分不便，有利于长期保护。

上犹蜡石质地滑润，色彩极为艳丽，白如美玉，红似玛瑙，黄同蜜橘。上犹蜡石在岩石学上分类为石英石，其主要成分为二氧化硅，也称石英。其表层通常见一层黄蜡或白蜡油状，但其剖面石块中心部分常为乳白、黄白或粉白的石英微粒。因受位于江西与湖南二省交界的罗霄山脉及其余脉中的山川溪河酸性水的洗涤、冲淘、碰撞、运行影响，上犹蜡石表面极其光滑。上犹蜡石的主要成分虽是石英，但也常伴生其他矿物成分，尤其在蜡石表层，因接触其他矿体附着物结合成两种或多种颜色。上犹蜡石按其表面颜色可分为如下几类：

1. 上犹单色蜡石。以深黄、米黄、白色蜡石为主。也有红蜡、黑蜡、青蜡、紫蜡，但数量极少，比较罕见。

2. 上犹双色蜡石。在同一石块上呈现两种不同颜色，以黄与白、白与红为主。双色蜡石以一种颜色为主，另一种颜色为辅，起衬托作用，白底红线条石数量较多，惹人喜爱。在第六届昆明国际花卉奇石展上荣获金奖的上犹蜡石《飘逸的红丝带》就是上犹双色蜡石，它以白色为主色调，若干红色丝条清晰飘展，给人以美的享受。

3. 上犹多色蜡石。一石块上有三种及三种以上的颜色，红、黄、绿、青、紫、白、黑各

王庆平·江西上犹蜡石《穿越》

种颜色都有，丰富多彩，赏心悦目。

如果按质地来划分，上犹蜡石大致可分为五种，即上犹冻蜡石、胶蜡石、晶蜡石、细蜡石、粗蜡石。

1. 上犹冻蜡石：是上犹蜡石中档次最高的蜡石，蜡石中至少有一面如低温冻肉中冻结的形状。其透光性能尤佳，用电筒照射石块可以透至石头中心部分。上犹冻蜡石圆润细腻，似少女肌肤，令赏玩家爱不释手。

2. 上犹胶蜡石：仅次于冻蜡，有一定的透光性，较柔美圆润，胶蜡表面呈现凝状或油滴状。

3. 上犹晶蜡石：在蜡石的表层生长有水晶状物质或清晰可视微小空洞，晶莹有光泽感，有透光性能，只有一定的观赏价值。

4. 上犹细蜡石：在上犹蜡石中数量最多，虽然不透光，但在蜡石表层平滑细腻，手感尚

好，所以有反光性能。

5. 上犹粗蜡石：为上犹蜡石中最低档次的蜡石，水冲度不好，既不透光，也不反光，手感较差，但在上犹奇石爱好者收藏的粗蜡石中，多为象形石，像佛、龟、鱼、人等，有较高收藏价值。

（七）辽宁蜡石

辽宁省境内崇山峻岭，江河纵横，矿藏丰富，气候宜人，富产金银、铅锌、水晶、蓝刚玉、橄榄石、石榴石、红柱石和铁矿等矿物，有火山口多处温泉地。辽宁省丹东市地处辽东半岛东部，东临中朝界河鸭绿江，南靠黄海，热资源非常丰富。有专家说，大凡有温泉，或出产水晶、黄玉、金银、铁矿的地方，出产的黄蜡石其色、质、形、纹都比较好。特别是有温泉

的地方，一般来说都会有较好的黄蜡石产出。也许正是这样的地质构造，孕育了丹东地区流光溢彩、温润坚刚的蜡石。

丹东蜡石是鸭绿江石中的一朵奇葩，是近几年才发掘出既可赏玩，又能卖钱的新石种。早在四百多年前，我国就有了蜡石这个称谓，从清朝起岭南地区就已经开始赏玩蜡石了。丹东地区赏玩蜡石的历史虽无明确记载，然而在丹东地区的考古发掘中，已发现了蜡石的影子。自古以来，中国蜡石数岭南蜡石最为名贵，而北方蜡石并不多见，丹东赏玩蜡石，也是近几年的事。

丹东蜡石是一种低温熔岩，产生于变质岩地。虽是近年才出山，仍属于古老的蜡石种类，地质年龄约在八千万年至一亿二千万年左右。在漫长的地质年代里，石英岩矿物经历了多次地质变动。在这过程中破碎的石英岩块滚入到酸性泥土中，受到酸性物质长期的低温溶蚀，使其表面产生了蜡质釉彩。而后来又由于山洪暴发，这些岩石又滚落进江河之中，经几千万年水流的冲刷及沙砾摩擦，其表面变得光滑圆润，并经水中各种矿物元素的长期渗蚀浸染，岩石有了多种色彩，形成了现在我们所见到的多种颜色的蜡石。

蜡石的主色调为黄色，人们通常把各种颜色的蜡石，统称为黄蜡石。构成观赏石的要素是色、质、形、纹，而重要的是色和质，要说丹东蜡石的特征，那就是色彩稳定、油脂光泽、质地玉化和形态流畅。

丹东蜡石的主要特点：

1. 鲜艳天然的美色。丹东蜡石色彩十分丰富，色调厚重。蜡石是硅质岩，结构稳定，其外表长期裸露于自然之中，所以其色彩十分稳定，且系本色，天生自然，并非人工所染。又

丹东蜡石《银狐倩影》

加呈现油脂光泽，所以色彩虽然亮丽明艳，但并不刺眼炫目，是一种实实在在的、柔和可亲的、高贵雍容的、毫无俗态的色美。

从颜色上丹东蜡石可分五类：黄润多姿的黄蜡石、明亮圣洁的白蜡石、喜庆吉祥的红蜡石、庄重肃穆的黑蜡石、异彩纷呈的彩蜡石。每一种颜色的蜡石又千变万化，各不相同。如黄蜡石系列就有金黄、鸡油黄、褐黄、红黄、橘黄等颜色；白蜡石系列有羊脂白、鱼肚白、青白、月白等颜色；红蜡石系列有大红、玫瑰红、褐红等颜色。

蜡石首重色、质，而色彩美的魅力排在首位。鲜明的色彩，能在众多的奇石当中，一下子将你的目光吸引过去。丹东蜡石，无论是哪一种颜色的蜡石，都能抓住你的眼球。

2.温润幼洁的质感。丹东蜡石是显晶质石英岩，硬度是摩氏7°，与硬玉（翡翠）相同，质地透明或半透明，有玻璃和油脂光泽，具有不溶解性，这些都和硬玉大致相同。有人曾拿真正的羊脂玉和丹东黄蜡石对比，竟相差无几，玉的"精光内蕴""厚重不迁"的品格，均能在丹东黄蜡石中体现出来，丹东蜡石大有乱玉之气。丹东蜡石中的上品，温润脂滑，冰凝色鲜，沉聚肌理，宝光醇厚，颇有逸趣。视之令人心荡，把玩得愈久，温润之感愈强，光彩和色泽也愈迷人。

从质地上丹东蜡石可分为五等：

（1）冻蜡，犹如冬天冻肉中液体冻结的部分，也如胶冻，黄灿灿的呈透明或半透明状，透光性能甚好，用小电筒照射时，可透至石心。冻蜡表层光洁油润，柔美纯正，赏玩之有美玉

的感觉。

（2）胶蜡，质若膏胶，其光洁滑润不亚于冻蜡，透光性和石质纯美比冻蜡稍逊。胶蜡敦厚纯和，古色古香，惹人摩挲，易生手泽。胶蜡同冻蜡乃是丹东蜡石中的上品。

（3）晶蜡，视觉效果没有冻蜡、胶蜡那么柔美纯净。在蜡石表面有空洞或缝隙的地方，生有未成熟的水晶状物质，令蜡石有晶莹的光泽。晶蜡很有视觉冲击力，倍受人们青睐。

（4）细蜡，透光性差或不透光，但质地细腻油润，其反光性能较好，油光可鉴，表层光滑，手感极佳。

（5）粗蜡，不透光，不反光，手感差，很粗糙。但造型丰富，可做园林景观石。

丹东蜡石硬度大，韧性也强，极富稳定性。黄蜡石表层虽为黄蜡油状，但其切面石心部分，常为粉白或黄白、乳白色的石英微粒，其油蜡之质感源于石英，而其颜色则来自氧化的铁质。

3.敦厚流畅的形态。丹东蜡石的化学性质稳定，一般不怕酸碱浸蚀，石体坚硬如玉，虽经千磨万劫，仍很难产生婀娜多姿的外观。产于河床中的蜡石，形态流畅光滑，轮廓柔和，而产于河漫滩深处，或古河道之地下的蜡石，虽不如水冲蜡石那么光滑，却也少有硬棱角、峥嵘突兀之相，有别于那种皱瘦漏透或刀山剑树为主的奇石外观，给人一种和气福厚，方圆处世的良好感觉。

从形的角度看，丹东蜡石其形各异，有造型石，有图案石，也有意象石。其形状以整体的外在造像为主，以山形石、人物石、动物石为多。无论呈现何种形状，由于蜡石有美玉的

质地和明艳的色彩之相互作用和烘托，显得韵味悠长，联想丰富，意境深远，令人叹为观止。

丹东蜡石不仅具有观赏石的特征，还具有美玉之特性。丹东蜡石主要矿物成分是二氧化硅的结晶体，硬度高，化学性质稳定，不易受酸碱浸蚀，这些主要特征都和玉的主要特征相一致。参考中国地质大学2006年最新《宝石学教程》当中对玉石中石英岩玉的界定，隐晶质石英岩玉包括玛瑙和玉髓。而玛瑙和玉髓这两种玉石的基本定义是：化学成分是二氧化硅，矿物主要为石英，均为二氧化硅胶体溶液沉淀而成。所不同的是具有纹带结构的为玛瑙，块体无纹带结构即为玉髓。根据比对一系列化学物理性质及结构特点，丹东蜡石符合玉髓的特征，因此，丹东蜡石在宝石学上应称为玉髓，矿物学名称应当为隐晶质石英岩。既然丹东蜡石应该是玉髓，当属玉石的一种，据此，丹东石界亦有人把产于丹东的黄色石英岩玉叫作"丹东黄玉"。

1992年，丹东曾发现一块长1.7米、宽1.47米、厚0.75米，重1.5吨的褐黄色龟形蜡石。有趣的是这块蜡石出土时，有很多神奇的故事，辽宁省电台《内部参考》曾就此作了详细的报道。1995年丹东海华公司高价收藏了这块奇石，命名为"神龟"并对外展出，引来国内和港澳台很多人专程到丹东拜谒这块神奇的神龟石。这块蜡石，后来被专家鉴定为黄玉。

4. 值得收藏的黄蜡石。观赏石的收藏价值，是由它的赏玩价值和珍稀价值等因素决定的。丹东蜡石不但具有观赏、感悟、寄情的观赏价值，也具有科学研究价值、经济价值和收藏价值。

一是丹东蜡石的天然性。天然性是观赏石收藏的最重要因素。丹东蜡石来自大自然，产在长白山山脉鸭绿江畔，从色彩到形态，不依赖于人的意志和作为。

二是丹东蜡石的稀有性。物以稀为贵。我国产蜡石的地方并不多，产量也有限，上品蜡石更是罕见，南国主产区由于赏玩历史悠久，品牌蜡石资源越来越少。

丹东蜡石《神龟》

三是丹东蜡石的玉化性。丹东蜡石由于是硅质岩，玉化质感好，硬度为摩氏7°，韧性又强，密度大。硬度是收藏观赏石的基本要素，硬度高，概括起来就是"坚"。丹东蜡石质坚似玉，给人的质感是细、润、光、洁。

四是丹东蜡石的神秘性。在众多的观赏石中，黄蜡石最富有神秘性，丹东的黄蜡石也不例外。黄色在我国长达两千多年的封建帝王时代一直为皇家所独享，象征着高贵与权利；黄色是宗教特用的神秘色彩；黄色又同黄金同色，因而象征着财富。在我国，视黄蜡石为驱邪避恶、祛病健身、招财进宝和镇宅吉祥之物。

丹东蜡石大、中、小块均有。大者逾吨，可以作园林景观石；中者上品或中品，可置于厅堂居室镇宅招宝，差者亦可用于装饰美化工程；小者如拳，可作手玩之石，也可用于健身用品。

丹东蜡石不仅可以作为观赏石，还可以作为工艺品和首饰挂件、旅游纪念品之石材。

老话说，玉不琢不成器。换句话说，琢不成器的当然不是玉，至少不是好玉。而用丹东蜡石雕琢的高级工艺品，首饰挂件等很是漂亮，具有玉雕件的光泽和润度，而硬度又好于一般的软玉（岫玉等），市场行情不错，倍受人们的关注。

国内曾有人将丹东鸭绿江石拿到南方当长江石及其他品牌石出售，效果不错。早些年，丹东出产的画面林景石原石，曾被北方某地廉价收购去，切片加工后，以当地品牌走俏全国。近年来，某些知名黄蜡石品牌货源短缺，有的石商将丹东黄蜡石运到南方某些地方，替以当

地黄蜡石知名品牌再销往全国各地。丹东鸭绿江奇石，虽名字不响，牌子不亮，这几年却充当了国内某些知名品牌观赏石的替身，在石市中走俏。时间的流逝，必将揭去丹东蜡石变脸的神秘面纱，丹东蜡石就会华丽转身，在中国石界打造出漂亮的、真正的丹东黄蜡石品牌。

（八）广东黄蜡石

广东蜡石产地分布很广，其中有代表性的地区分别是潮州、电白、高州、河源、梅州、台山、阳春及粤北等地。上述产地出现的蜡石各有其特点而互不取代，更以其鲜明的特质展现在世人面前。

1. 广东潮州黄蜡石

潮州市位于韩江中下游，是广东省东部沿海的港口城市。东与福建省交界，西与广东省揭阳市接壤，北连梅州市，南临南海并通汕头市。潮州处于东经116°22′～117°11′，北纬23°26′～24°14′之间，地势北高南低。全市总面积3613.9平方公里，其中海域533平方公里，海岸线136公里。山地、丘陵占全市总面积的65%，主要分布在饶平和潮安县北部。

潮州属亚热带海洋性季风气候，气候温和，雨量充沛，终年常绿，四季宜耕。年平均气温21.4℃，年降水量1423.7毫米。全年无霜期。

潮州历史悠久，地处粤东，区域上位于新华夏系隆起带闽粤的东南侧，区内分布着大面积的燕山期岩体和侏罗世火山岩，火山活动强烈，岩浆侵入频繁，构造活动强烈，地质结构复杂。蜡石附存于燕山期花岗岩体（距今约1.5

谢岳锋·潮州蜡石《罗汉伏虎》

亿年）热液接触变质带处，尤其是多期次的构造活动处，蜡石更多且更佳。由于受内力地质的作用，如地壳运动、岩浆、地热、地震、变质、地压等构造的作用，加上外力地质作用，形成造就优质、奇特的蜡石。潮州贮藏着丰富的蜡石资源，历来是蜡石的出产地。潮州蜡石的产地主要分布在东、西两大产区。东部主要蜡石产地，系在潮州境内的饶平县樟溪镇青岚村、草南武。出产的蜡石主要分布在其周围的十余个坑门，这些坑门主要有"山下寮""白沙溪""拍竹竿""蛇地""石丁""陂尾底""山芹""和尚田""水库顶""草南武"等，其中以"山下寮"出产的蜡石较为知名。"山下寮"位于青岚石蛤村北面，距该村十余公里，其出产的蜡石品种繁多，造型奇异，质地上乘，色泽艳丽。位于潮州境内的潮安县磷溪镇西坑村、芦

庄和铁铺镇的大坑出产的蜡石，主要分布在"水吼""大洞埔""大陂下""狮地后"等坑门。西部主要蜡石产地位于潮州境内的潮安县田东镇的"平坑"、伍全的"石壁潭"；登塘镇枫树员的"大径坑""猪母窟"等地皆出产蜡石，是西部主要蜡石产地。潮州蜡石产地，地形地貌多姿多彩，坑流交错，清澈见底，飞瀑挂崖，一泻千里，山色秀逸，群山如屏，林木葱郁，鸟语花香。

潮州是黄蜡石著名产地，全市有几十处产地。主要分布在潮安县登塘镇的世田、伍全、黄潭、枫树员、白水等，意溪镇的石庵、锡美，磷溪镇的水吼、葫芦、石坑，凤凰镇区及乌崇、天池旅游区等地；饶平县樟溪镇青岚、草岚武、杨梅坑、石蛤、木堂、径北等，浮滨镇溪楼等一些溪涧也有蜡石的出现和露布，呈带状、港

湾状、星网状露布、点多线密，蜡石资源丰富。

潮州赏石文化源远流长，历史悠久，可追溯到唐宋时期。潮州素有"海滨邹鲁""岭南名邦"的美誉。

古时奇石赏玩多为文人墨客之事，因而有"文人石"之称。直至近代，由于社会经济文化的发展，随着人们对赏石活动的认识和参与，潮州赏石文化开始走向平民百姓家。在一些民俗活动中人们将部分赏石文化融入其中，如镇宅、祭祀、游神灯会等。在过去潮州及闽南沿海一带以石镇宅很普遍，人们在民居宅基、厅堂道口置石，祈求灵石保佑平安，禁压不祥，取"坚如磐石"之意。到上世纪中叶以后，潮州赏石文化进入低潮时期，赏石、藏石被列为"四旧"，大量奇石景观遭受破坏和流失，传统的赏石文化受到摧残，令人十分痛惜。直至改革开放以后，随着中国赏石文化的复兴，潮州赏石文化进入了一个崭新的时代。潮州于1995年成立雅石根艺协会，并在当年和1999年成功举办了两次大型奇石展。潮州的爱石藏石者如雨后春笋一样，日益增多。赏石活动空前活跃，石友们经常相聚赏石，相互交流，相互切磋石艺。很多石友在居家中专辟一室陈列奇石，作为藏石斋室，每得一佳石便会呼朋唤友前来品茶赏石，赏石的氛围十分浓烈。奇石收藏在质量和品位上达到相当高的水平。潮州藏石家们还多次参加了全国性和地区性的大型石展，并取得了十分骄人的成绩，弘扬了潮州赏石文化，增进了同好间的交流。二十多年来随着潮州蜡石资源的不断开发，一批精美潮州蜡石相继问世。

潮州蜡石的收藏与玩赏有着悠久的历史，早在唐宋时期就有潮州名人收藏与玩赏蜡石的记载。蜡石的收藏与玩赏在古老的潮州是一门传统的艺术。自古以来中国赏石文化多遵循"瘦、皱、漏、透、丑"等传统的赏石理念，这主要是从奇石的形态去品评其优劣。近年来随着中国赏石文化的发展和人们审美观念的提高，赏石理论得到丰富和发展，赋予了很多新的内容，提出了以"色、质、形、纹"等为赏石要素的新赏石理念，全方位地审视每一枚美石。

由于潮州蜡石资源的不断开发，很多海内外藏石家前来潮州求石、购石，潮州蜡石由此名扬四海。泰国奇石大收藏家周镇荣先生回家乡潮州后说："自古以来中国广东潮州盛产黄蜡石，且闻名海内外。不凡的高雅气质，其色泽鲜润，脂腻如蜡，石坚如玉，长期把玩，发现其色润可爱，故求者历久不衰，被中外收藏家视为首选奇珍，身价不凡。"潮州蜡石能成为今

郑锦辉·潮州蜡石《一休哥》

天奇石王国中的新贵，是因为它美，而且美得令人手痒心醉。

潮州黄蜡石赏玩特点

潮州蜡石赏玩艺术贵在"四品"，即品赏其石色、石质、石形、石纹。潮州玩石人从蜡石"四品"中感受其艺术魅力。品赏蜡石，古今藏石者都十分注重石色。石色优美，无论远观或近看，都能给人以美感。在当今蜡石赏玩艺术中，蜡石的色彩已被人们赋予了很多人文的内涵，融入了人们的情感，寄予了美妙的遐思。蜡石以质坚如玉、温润细腻而著称。清代谢堃在《金石琐碎》中有载："余在广东，见蜡石价与玉等。"清代潮人郑昌时在赞潮州蜡石的诗中也说："元圭与苍璧，光价珍黄琮。"黄琮乃黄玉也。蜡石的硬度一般为摩氏7°左右，与玉石硬度不相上下，玉石有"四美"——温、润、坚、密，而蜡石"四美"兼得，且蜡石无须利器雕琢并能尽显"精光内蕴"，因而有人说蜡石之美有如玉美。在一些民俗活动中已融入赏石文化内容。从前潮州逢元宵节，都有迎神游灯的风俗，潮州人称游花灯，很多大户商家铺号都组织游灯队伍，为显自家花灯别致，有的便在花灯台座上安放奇石，配置灯火，供人观赏，这也许是潮州独有的"石展"吧。潮州蜡石赏玩艺术因而也成为了目前潮州赏石文化的主流。当今潮州赏石文化在继承传统的同时，结合人们现代赏石的观念，形成一套具有区域风格和潮州文化特征的儒雅赏石观念。在选石上，注重石的"形、质、色、神、势"。石的整体力求完美，无破损；造型上偏重立式石。潮州赏玩石艺术，不单重赏石，尤为重玩石。如"手玩石"，石的大小在巴掌之内，或置于案头，闲时把玩于指掌之间，有如盘玉一般。日久石显光滑苍润，手气十足，倍显可爱。如此寄情于拳石斗水之间，真大有乾坤在握之感。

明清至民国初年，潮州出现多名赏石藏石家。其中有翁陶峰、刘芝岩、吴六奇、郑昌时、丁日昌、许万石等名贤。翁陶峰以建"波罗房"而知名，他通石理，悟石性，叠石理水工夫了得，为当时潮州赏石大家。

刘芝岩，潮州潮阳人，名继槊，字廷仪，名宦刘景八世孙，以收藏奇石、种植名花而知名，是潮州有名的"石嗜"。明礼部尚书盛端明在刘芝岩墓志铭中有载："性嗜种植，每遇一卉一石之美，则终日不忍去，其于利禄之念淡如也。"

吴六奇，潮州海阳人，明末清初名将，曾任总兵提督。吴六奇作为一名武将，爱石识石，有如此雅怀，在当时行武中人是不多见的。著名的江南三大名石之一"皱云峰"就曾是他的藏石。清顺治年间他为答谢恩师查继佐，将爱石"皱云峰"从广东运至浙江海宁赠与查继佐。当时继佐得"皱云峰"大喜，将石置于其"百可园"，对"皱云峰"倍加宝异，大有千金易得、一石难求之感，成为当时佳话。现在这块"形同云立，纹比波摇"的"皱云峰"尚存于杭州西湖江南名石苑中，为世人所共赏。吴六奇一生对石情有独钟，据载他是岭南第一个以石殉葬的奇人。这真是生死同相伴，人石情未了也。

郑昌时是潮州海阳人，清代潮州知名才子。他致力于潮州文化的发掘研究，通过其所见所闻，完成了《韩江闻见录》这部潮州宝贵文献。他爱石藏石，通过自己的实践活动，写了多篇赏石文章，为潮州赏石文化留下难得的资料。他在《韩江闻见录》中有《蜡石》一文："吾邑西山中多蜡石，有大坑，约一二十里，每大雨后求之，必得奇致；备象人物器皿之类，大者可取为板，为几，为屏，为假山，小者可为杂物玩具。予尝见而心好之，恨未能往取也。有人出数十事示予，皆佳妙。予尝赠之以诗云：古有隐君子，称为黄石公；今子嗜黄石，乃有古人风。贞介固石性，通理而黄中；礛碅列几席，坐卧铭幽衷。因此博天趣，蜡凤妃金龙；一一人物状，琥珀锼元工。瑞雾霭朝旭，土德荣中宫；元圭与苍璧，光价珍黄琼。吾来寓游目，上尊宝气隆；愧乏色丝辞，志之垂无穷。"诗中云蜡石"光价珍黄琼"，这与清代谢堃所著《金玉琐碎》一文中所说"价与玉等"似有共识，足见当时潮州所出产蜡石质量和品位是相当高的。

潮州洋务大臣丁日昌，他是宋代潮州名宦丁允元后裔。丁日昌一生藏书藏石，收藏十分丰富，其中最知名的是他一块鱼形奇石——"石鱼"。据说当年丁日昌乘舟赏月，舟至双溪中段，见水中有毫光，询之渔父，未知其详。遂命人潜水视之，有顷，潜下水者抱一长三尺许石鱼起，乃天然奇石也，其状若鲤，色棕红可爱，惟妙惟肖。丁日昌见之大喜，将"石鱼"置于揭阳县衙内，构筑一室供之，名曰"石鱼斋"，丁日昌为之作《移寓石鱼斋》诗。至民国时，由张美淦约请饶宗颐、姚秋园、百木园、林清扬、钟勃等名家，撰写"石鱼斋"事，辑成《石鱼斋集》。"石鱼斋"因而名声远扬。丁日昌收藏的奇石，今尚存部分，为其后人珍藏，

其中有一件《蜡石莲》，"石莲"呈浮雕状，亭亭玉立，花开并蒂，古朴清新。另一件为竹叶纹黄蜡石，石高约十四厘米，色彩金黄，画面逼真，似竹影婆娑，品位很高，十分难得。

民国初潮州名士许万石，酷爱奇石，藏石丰富，其中不乏精品名石。至今一些老辈者每提及他无不称道赞誉。他最知名的藏石是一件名为"玉玲珑"的潮州蜡石。"玉玲珑"石周身有近百个石孔，石孔相通，玲珑彻透。据说当年许万石得"玉玲珑"花费了八百大洋，这在当时可是一大豪宅的价值。"玉玲珑"在民国初年曾在潮州东门楼展出过。许万石藏石十分别致考究，所藏之石上面多有天然"石眼"，由于"石眼"有画龙点睛之功，所以其石倍显精神。笔者曾见过许万石收藏的一件潮州黄蜡石，名为"丹凤朝阳"，该石色泽黄润，石质老蜡，在石右上方有一"石眼"，形似丹凤朝阳姿态，神气十足，是难得的潮州蜡石精品。

到近现代，艺术界、医学界、商界和名流如饶锷、许方石、佃介眉、王显诏、詹哲明、王少南、叶镜臣、胡镇福、康晓峰等都将蜡石作为书斋把玩、案头、镇纸和盆景附石的珍宝。建国以后，特别是上世纪七十年代后，随着物质生活水平的提高，蜡石的玩赏也得到空前发展。著名的潮州木雕艺人陈舜羌率先在意溪镇组织蜡石配座的加工经营。到上世纪八十年代，市区的城基路、城新路、白桥等处先后自然地形成小规模的集市交易场所，也开始正式参加国内外的奇石展览会。1995年9月又成立"潮州市雅石根艺协会"，举行了多次雅石展览。同年，潮州的蜡石参加了在新加坡举

行的亚太地区雅石展览，首次在国外的大型专项展会亮相，获得较高评价，震动了国际雅石收藏家。在"中国'99昆明世界园艺博览会"上，刘崇山藏的潮州蜡石"荡胸生层云"被选中参展。

在相石上对蜡石的产地坑门也十分考究，这是一种实践活动的经验，需要言传身教，多看多问，细心琢磨，才能有所心得。很多藏石家都知道蜡石"善变"。一个好的蜡石产地，其出产的蜡石，由于质坚色纯，皮壳润泽，其变化比较稳定，上油供养，日久越显古朴。潮州赏玩石艺术中，不单注重赏石，尤为注重质、色、形、纹都要十分精美，人见人爱。潮州在奇石配座制作方面，充分运用潮州传统木雕的精湛技法，因石施艺。木雕艺人们根据奇石的主题，配置相应题材内容的木雕基座，如石形似鱼儿，即配置水浪基座，使之产生鱼儿跃水的意境。而奇峰怪岩，即配置云石松竹，造境寓意。精美的奇石与精致的木雕艺术有机结合起来，相得益彰。石艺术恰恰适应于人们的这一文化需求，而逐渐成为热点文化现象。潮州黄蜡石的玩赏已不局限于富家贵族、文人墨客这个层次。蜡石玩赏这种高雅艺术已逐步为人们所青睐，成为广大群众喜闻乐见、雅俗共赏的艺术品。

潮州黄蜡石来源于大自然，并在造型创造过程中恪守"自然天成"的法则，这样的过程，是物质向精神转化的过程，能使人与自然融洽相处。千姿百态的蜡石摆件有着"天地造化"的固有品格，凝重宁静，高雅脱俗，能净化心灵，使人们得到空灵、超脱的高品位精神享受。

它是寻常而高雅的艺术，可以毫无愧色地登大雅之堂，常常成为上门做客者的"聚焦"，成为美化环境、陶冶情操的艺术品。它是大自然造化的神奇艺术品，它的形、质、色形成了具有人为艺术品的特点，比其他某些人为艺术品更有审美价值，可供赏石人士去开拓它那丰富多彩的内涵美。

潮州蜡石赏玩艺术对于人们的精神境界的辅补则也起着微妙的积极作用。人们可以在对石的直接感知中，步入神通意悟的景致，达到因石思情、因石悟性、因石醒世、因石明心的高度意识，是人们陶冶情操和萌发良好心态的自然玩赏物。在民间，石头又寓有宝贵平安之意，所以又有"寿者乐石"的说法。不少人把石头作为镇室之宝，使厅堂增添几分神圣感。更有人把石头作为馈赠亲友的高尚礼品，以表崇敬祝颂之意。

玩石不仅能丰富人们的业余生活，点缀家庭，美化环境，而且能提高人们的文化素养。

石头能给人类提供丰富多彩的精神文化生活内容，因而在地球的不同方位，不少人都有藏石赏石的雅好。奇石多姿多彩的艺术变化，如诗如画的情意能给人以美的享受。

潮州蜡石赏玩艺术虽然是潮州传统艺术中的一朵奇葩，但是现在却处于濒危状态。主要原因是：

1. 民生环境，特别是居住环境改变。潮州蜡石以往多运用于建筑装饰，如一些名士雅客在建宅造园时，已意识到"园无石不秀，室无石不雅"的道理。为营造雅致的园林，费尽周折寻觅奇石，在选石供石上甚为考究，造园艺术达到很高水平，建造了一些非常精致的名园。其中以西园、波罗房、蔚园最为知名。西园为明代礼部尚书黄锦别墅花园，园内假山叠石，嶙峋皱瘦，磊落奇姿，极见雅致。林大川《韩江记》中《西园假山》、郑昌时《西园杂咏》皆有述此处胜景，西园曾被列为潮州内八景之一。

现如今，人们早已不是居住在传统的四合院平房内，大多居住在水泥钢筋结构的统一化的住宅楼里，每户仅占用一两个单元，室内是几何形、长方体的空间，无装饰假山的需求。

2.传统民俗日益淡化。以前，民俗活动中人们将部分赏石文化融入其中，如游神赛会、镇宅、祭祀、游神灯会、宗祠祭典等活动中使用的奇石基本退出了生活舞台。

3.人们的审美观念有了变化。如今，因受教育程度的大大提高，人们的眼界更开阔，现代审美理念更加多元化。一些中青年人，认为潮州蜡石代表了一种东方的古典美，与时尚有距离；一部分人虽然也欣赏潮州蜡石，至多只想买一两件蜡石小品摆设装饰家居，但有时由于蜡石作品卖价较高而打消念头。

潮州传统的赏石文化，很难寻找到完整的记载，只是在一些文章中有只言片语的论述。至于在"十年浩劫"时期赏石文化成为"封、资、修"产物，"蜡石与赏石同罪"，那就更不用说了。幸亏潮州有着极其丰富的蜡石资源，所以尽管蜡石与赏石者"同罪"遭受劫难，但"野火烧不尽，春风吹又生"，当今的蜡石玩赏文化重振雄风。如果我们这代人不再珍惜，发扬光大，不努力去继承和发展，大自然赋予给我

们的物质、精神财富，将会付之东流，亦对不起后人。

4.尚未建立有序的正规市场，经营松散，规模小，不规范；加工技术落后，制作流程多数处于传统的原始状态；缺乏精通地质学、化学等业务人才，造成精品低价外流，影响效益。

目前，当地政府千方百计帮助、扶持民间石农、经营者等组织，支持成立潮州市赏石文化协会，形成集开发、鉴赏、展示于一体的场所。举办潮州蜡石展，请市电视台对潮州赏石文化进行专题报道，目的在于向全社会宣传潮州赏石文化，特别是在青少年一代中形成弘扬保护传统工艺美术的责任意识。为进一步全面对潮州蜡石开展深入细致的普查工作，通过搜集、记录、分类、编目等方式，建立完整的档案，进一步开展基础理论研究，并把这些研究成果编纂成文本予以出版。引导和发动社会各界人士投入资金十多万元，建立潮州市赏石文化协会和举办两次石展，并编辑出版《潮州赏石文萃》，《潮州蜡石》《中国潮州蜡石宝典》等大型书籍。把对有重大影响的代表性传承人的保护放在第一位，同时加强社会宣传活动，广泛培养赏石爱好者。把发展蜡石等工艺美术列入当地经济发展规划之中，实行重点扶持，引导潮州蜡石经营者走出去，在市场中求生存求发展，推进潮州蜡石产业化。

2.广东电白蜡石

电白县属茂名市管辖，位于广东的西南部，处南海之滨，地势东北高，西南低，是粤西南的重要门户。唐虞时代为南交地，夏、商、周

康日学·电白黄金蜡石《珠玉垒成》

为扬州南缘，秦为南海郡西境，汉属高凉县地。南北朝梁大通二年（528）析高凉郡置电白郡，隋开皇九年（589）省电白、海昌二郡置电白县，宋开宝五年（972）良德、保宁（唐称连江）二县省入。唐中至明初为高州（路、府）政治、经济、文化、交通中心达七百余年，明成化三年（1467）县治从故城徙于神电卫城（今电城镇）。1950年12月电白县城迁水东镇。

古往今来，爱好奇石的人士，上自帝皇将相、文人墨客、达官显贵，下至平民百姓，举不胜举。至上世纪八十年代，全国各地相继复兴起赏石高潮，众多新石种也纷纷面世。此时，在广东省电白县马踏镇九漂岭溪中，天然宝贝——黄金蜡石在数万年的静养中也被开采出来。

电白黄金蜡石作为黄蜡石中的一个新品种，由于出土时间迟，关键是采量少，外流量少，外地玩友对该石种的了解知之甚少，所以知名度还较低。本人受编委会委托，有幸向各界玩友介绍电白黄金蜡石，本着实事求是的观点，对该石种进行客观推介。

古人赏石四法是"瘦、皱、透、漏"四点，四点合一不外就是一个"形"字。社会在发展，玩友们的赏石水平也在不断提高，结合古人赏石的观点，对奇石赏评要求又加了"色、质、纹"为赏石标准。下面以"色、质、形、纹"对电白黄金蜡石进行浅论。

第一"色"。电白黄金蜡石色彩丰富，颇具韵味，有黄、红、白、青、黑等，色样俱全。也许是生成在黄金矿床中，所出土的蜡石以黄金蜡色产量占多数。黄金蜡色艳丽，显得富贵堂皇，有王者气派。外观其色，柔中有刚，但不刺眼，与人相处多一份亲和力，令人爱不释手，回味无穷。

第二"质"。黄蜡石成分基本大同小异，化学成分为"二氧化硅"，属细石英晶花结体，经低温熔岩发生多次热变生成。据考证，电白黄金蜡石属高温火山熔岩生成，形成的多为冻蜡。其韧性强，摩氏硬度为6°~7°左右。从视觉上看，润泽似玉，透剔晶莹，透光好，具有隐晶或微晶质地，较易肉眼判断它的纯净度。除田黄石、玉翡翠有这种可见内纹外，其他观赏石不及电白黄金蜡石。

第三"形"。电白黄金蜡石形态千奇百怪，形神兼备，它的形态变化与太湖石、英石、灵璧石等形态相接近，比其他黄蜡石的形态变化更为丰富。具象形石，如《灵猴贺岁》，活灵活现，传神逼真；抽象形石，如《情侣》《金猴观日》《寿桃》等动感飘逸，耐人寻味。山水景观石，如《幽台仙景》《人间仙境》等，变化万端，让人叹为观止！

第四"纹"。电白黄金蜡石纹理多样，有龙凤纹，有齿牙金红纹，有呈浮雕状的梅花纹、云朵纹等。用肉眼从表层往里层看，能看到布满金丝银丝等色泽的细小色纹。绝大多数是由表及里可见的"萝卜纹"，显得韵味十足，让人看后拍手称奇。电白黄金蜡石纹理在众多黄蜡石中可谓独具一格。

电白黄金蜡石开采已经基本结束，由于采量少，本地赏石爱好者众，一直以来都是在产地实现交易，在奇石批发市场中流通极少。但多年来，该石种已参加过多次国际奇石展和国内各种展览，目前已有多个作品荣获各类展览金、银、铜奖。这说明电白黄金蜡石已得到赏石专家们的认可，确实有它的收藏价值。

3. 广东河源永安蜡石

河源市是于 1988 年 1 月设立的地级市，辖源城区及龙川、紫金（原永安县）、和平、连平五县（区），位于广东省东北部，东江中上游，境内以山地丘陵为主，距广东省会（广州市）200 公里，距香港也是 200 公里。大部分是操客家方言的汉族。

永安蜡石产于广东省河源市紫金县（紫金古称永安）。据清康熙三十九年《广东新语》和雍正八年《粤中见闻》记载，永安是岭南蜡石四大产地之一。永安蜡石硬度一般在摩氏 7°左右，玉化程度好，其表面呈玻璃、油脂、丝绸、釉面、珍珠等光泽，化学性质稳定，色彩艳丽，颜色丰富，品种齐全。永安蜡石资源丰富，遍布在全县各个乡镇的山间小溪之中，因产地不同，其特点各异。根据资料，主要有如下几个

黄祥明·河源蜡石《朝霞》

产地。

（1）质色双美在上石：在上石的产地包括九和镇在上、在南、热水等处河涧。在上山体高大，溪涧众多绵长，岩石突兀，蜡石散布其间，多在河床、大石旁。质多已玉化，冻蜡、胶蜡居多，也有带水漆、玛瑙纹的蜡石，呈玻璃、丝绸、釉面光泽，柔和纯厚。色彩多变艳丽，褚红、深绿、深黄为主，偶见白色，多为一石多色，五彩纷呈，是永安蜡石具有代表性的彩蜡。

（2）温润凝脂洪田石：洪田石主要在瓦溪南母寺周围溪涧、山洞之中。南母寺是座名山古刹，周围多数为花岗岩层构成，石洞蜿蜒相通，流水潺潺，森林茂密，暑天清凉。好石多在大石旁，或深埋在河床，要想找到一块好石非要钻进石洞或者深挖河床，甚至要在石洞内挖才能挖到，实不易得。洪田石玉化程度高，呈油脂状，珠光宝气，釉光隐隐，或白嫩无暇，或黄红相间，或白黄红相间。多可肖形，多色

形成图案，形神兼备，更为珍奇。洪田石出自名山古刹，灵气十足，十分受奇石爱好者追捧，实为不可多得的景观石。

（3）精光内蕴青溪石：义容镇青溪石多出在羊角排，在天字嶂周围溪涧亦有出现。多为磨砂冻质，胶质，坚至细密。以红、黄、绿为主，通体透亮，精光内蕴，神采迷人。小者如瓜果，稍大者多带暗纹，纯厚内敛，令人爱不释手。

（4）光芒四射双罗石：九和镇双罗石分布在双罗水库的溪涧中。以嫩黄、白色为主，质地通透，多呈玻璃光泽，璀璨夺目。

（5）大气纯和付竹石：付竹石主出在九和镇付竹溪的河床表面，形体较大，重达数百斤、数吨者亦不罕见。水洗度好，黄色为主，间以黄色沁，胶状石质为主，冻质常带深绿色带，精美夺目，光泽纯和如丝绸。

（6）形状精美百睦洋石、散滩石、黄塘石：蓝塘镇百睦洋石多呈晶状，光彩夺目，形完神足，甚为可观。紫城镇散滩石白带紫纹，如紫霞映雪，形态丰富。黄塘石则品种多样，形态万千，惟妙惟肖，景观、象形、状物各类皆备，琳琅满目。

4. 广东梅州黄蜡石

梅州地处粤东山区，境内可谓八山一水一分田。境内莲花山脉纵横，梅江韩江奔流。据考查，上自梅江上游的五华，下至梅县境内的水车、梅南、长沙、西阳、丙村、雁洋、松口，乃至松口以下的韩江大埔河段、丰顺河段，都有黄蜡石的踪影。另外，凤凰山周边的大埔、丰顺的有些乡镇小山溪，如大埔县大东、枫朗，

丰顺县砂田、潭江、潭山、茶背、大龙华、黄金、潘田、汤坑、汤南、汤西等地，也有一些质优色靓、几乎可和潮州蜡石相媲美的黄蜡石。常有一些潮州石农，带着帐篷土灶，扎在这些小山溪里挖掘黄蜡石，用汽车、摩托车把黄蜡石拉到潮州贩卖。

梅州黄蜡石皮厚色朴，容易出包浆，有些黄蜡石形巧韵正，所以梅州黄蜡石并不局限于以赏玩质色为主，还可充分运用中华民族文化内容，赋予奇石丰富的文化内涵。

目前，梅州市区已有好几家专业奇石商店，还在鸿都美食街附近自发形成了奇石一条街，兼卖奇石的店铺有十几家。

5. 广东台山黄蜡石

台山蜡石产于江门市管辖下的台山市（县级市）北陡镇那琴管区。台山素有"中国第一侨乡"之称，台山因县城北有"三台山"而得名。台山地势中部较高，西南和东北多丘陵，沿海和北部的潭江南岸是平原，西部沿海高速公路可直通北陡。台山市的自然资源十分丰富，有金、锡、钨、锑和煤、水晶、绿柱石、石英石、钾长石和硅砂等矿石。

"石之美者为玉"，玉归属于石头。著名的台山蜡石于1996年被发现，并开始逐渐被外来赏石界大量采挖、利用、开发、收购。产于北陡的散石湾、黄花湾和双耳坑一带的（籽料）台山蜡石最佳，其色彩纯正，透明或半透明，水头足，光滑亮丽，晶莹通透，温润多姿，属上乘的"冻蜡"。亦可作赏玩或雕刻成各类饰品和摆件、工艺品等。

2005年5月16日，由资深的蜡石鉴赏家

凌文龙（江门市台山玉石协会第一任会长）先生将两块浅黄色的岩石样本送往广东省地质科学研究所珠宝玉石鉴定中心作分析检验，鉴定结果报告如下：

定名：黄玉髓。手标本：浅黄色。主要矿物构成：石英96%、铁质矿物（褐铁矿、赤铁矿）2%、绿泥石1%、白云母1%。石英：无色、隐晶质—显微显晶质，它形粒状、纤维状、不等向分布，粒度0.005mm～0.01mm。铁质矿物（褐铁石、赤铁石）粒度≤0.01，粒状红褐色、零星分布于石英颗粒之间。绿泥石、浅绿色、它形粒状，粒度0.02mm。白云母：无色、它形片状、粒状0.03mm。结构：隐晶质—显微显晶质结构。构造：块状结构。备注：密度2.61，摩氏硬度6°～7°。经当地赏石界和珠宝界定名称为"台山玉"。

黄蜡石与台山玉有哪些明显的分别呢？蜡石在形成的过程中虽然和台山玉相似，但蜡石

硅含量稍高，在形成过程中呈定向性结晶，即产生条带纹理、凝成过程受其他矿物或遇冷温度影响，即形成肌理结构不均的石英岩脉。台山蜡石与台山玉石的分辨可从成分或形状外观上区分，也可从矿物含量区分，蜡石的石英（二氧化硅）含量要高些，硬度要稍高于台山玉，而且结晶较粗，多呈显晶质结构，并带有杂质和条纹状的石英肌理。而台山玉石硬度较蜡石稍低些，而且为隐晶质粒状结构，整体以微粒状结构为主，这就是用科学分析的依据来断定蜡石和台山玉的区别。

总而言之，颗粒细腻、温润坚密、色泽丰富的美石称之为玉，稍差达不到该鉴定标准的可称作蜡石。蜡石或台山玉籽料，两者均可用作赏玩石，目前国内好的蜡石或台山玉价值不菲，而且价值还有不断上升之势，受到人们的青睐和追捧。

6. 广东阳春黄蜡石

阳春市位于广东省的西南部，地处云雾山脉，露天山地的中段和河尾山的八甲大山之间，地貌以中低山地丘陵为主。漠阳江中上游从北往南纵贯全市，支流和溪河纵横交错，岩溶地貌南北绵延一百多公里。全市土地总面积为4054.7平方公里，是中国国家地质公园、广东省著名的旅游城市。八甲大山、双滘、三甲、永宁、圭岗、河表、松柏等镇的山地地质年代久远，故此，阳春的地理环境优越，地质结构特殊，蕴藏的矿物资源丰富，矿物品种达36种，可观赏的奇石和矿晶有孔雀石、蓝铜矿、水晶、方解石、钟乳石、蜡石、绿石、流星石、菠萝石、彩霞石、叶蜡石、英石等40余种。除闻名遐迩

黄艺麟·台山蜡石《风姿绰约》

梁飘阳春彩蜡《江山多娇》

的孔雀石外，便是最负盛名的阳春蜡石，它的储量最大，分布的面积也最广。在市内的八甲大山鹅凰嶂、河口镇上双、潭水镇水口、马水镇河表、永宁镇信蓬岭等地出产的高温蜡石。还有圭岗、永宁、三甲、双滘、松柏、陂面等镇的山野溪谷河流中，也出产质美色艳的多种类蜡石。

阳春蜡石有冻蜡、胶蜡、晶蜡、细蜡、软蜡、粗蜡、结构蜡之分。

阳春蜡石多产自境内的漠阳江以西及西南、西北部的高山大岭的诸多峡谷、溪涧、河流中，尤其以八甲镇鹅凰嶂的蜡石质地上乘。早在上世纪六十年代初，有八甲人结伙登鹅凰嶂寻觅绿柱石时已发现捡获了蜡石，后至上世纪八九十年代已有不少人进山寻觅蜡石了。这

里的蜡石主要分布于鹅凰嶂白水漂布河、仙湖尾的妹仔床（捡石人称）、白木河和二十四坑及其他河坑。蜡石全藏在花岗岩的乱石中。河溪谷涧山泉清澈，河床谷底的蜡石光滑鲜艳易被发现。这里的蜡石密度大，硬度高达摩氏 7° 多。历经山洪泉水长期磨砺洗练，蜡石表面圆润光滑，胶蜡和冻蜡甚美，水洗度好，透彻如玉，冻润如脂。颜色鲜艳丰富，有金黄、香蕉黄、橙黄、鸡油黄、乳黄，乳白、象牙白，胭脂红、玉红、大红、猪肝红，有青绿、青灰、灰黑和黑色，有五彩，也有美观多彩的图纹。形态好，种类多，天生丽质的鹅凰嶂蜡石的面世，引起了石市的疯狂，不少人争相选购收藏，也让不少人误认为是台山蜡石。这并不奇怪，因为它各种审美要素与台山蜡石无异，实在难

以区别。这深山大岭吸引了不少淘石者纷至沓来，寻石者从这些落差极大的花岗岩溪谷底下和在花岗岩乱石垒叠的洞穴、石缝中猫着腰以手电取光，艰难地在坑底清泉流蹿的乱石中摸索寻觅，获得一两件好蜡石并非易事，真可谓"粒粒皆辛苦"。

倚临鹅凰嶂东面岭脉的河口镇上双石坪坑产出红色、玉红色、红白色的冻蜡，简直就是红美玉，让人爱不释手。上双的竹根坪坑也产出玉红、黄、白色多种类胶、冻蜡石。在峻峭的双髻岭谷涧中和花岗岩洞穴里也有黄、白色，甚至有鸡油黄的蜡石产出，这些蜡石外形古拙，水洗度好，光滑油润，也吸引了不少寻宝者。

潭水镇水口钩髻岭的东河坑、大坑、大嘉华等溪谷产出的蜡石俗称水口蜡石，它种类繁多，有软蜡、细蜡、晶蜡、胶蜡、冻蜡等。最靓丽的冻蜡有鸡油冻、木瓜冻、年糕冻、蜜砂冻、冰糖冻等，质地上乘者，润若脂玉，光洁鉴人。形状和纹理尤其丰富，有外形变化大的块状、网脉状、孔洞状、印记状、金丝纹、菊花纹、毛面晶珠、光面晶珠等等。多皱褶和不规则的蜡石，造型美观古朴，作为山水石观赏甚佳。有些由无数光洁透亮的玉珠子胶结成形的弹子石，状若叠珠积玉，晶莹欲滴，十分迷人。而那些孔洞网脉状和印记状的蜡石以形态称奇，这里的地质年代久远，它成形时由于排放的气体被岩浆包裹着，或是地质环境特殊，抑或异物（或是矿晶）阻隔所造成。之后，历经地壳运动的高温与强力挤压，造成断裂、破碎。再次

是自然环境中流水和砂石的搬运、冲擦磨砺，涤荡了表皮的异物，才现孔洞、网脉、印记状纹理。这类蜡石表像怪异，有沧桑感，内涵丰富，形态好者在蜡石家族中属稀有品种。水口蜡石，种类多，形状多，质地好，色彩鲜明，是阳春最知名的蜡石品种之一。

马水镇河表的钩髻岭脉涩田仔坑、音阶坑和永宁镇信蓬大山诸坑谷同样产出和水口一样的蜡石，种类和色彩同样丰富，因是同一山岭脉，属水口蜡石的支系。

阳春鹅凰嶂、河口、水口、永宁、马水等地均处于阳春境内寒武纪年代的地质层，这些地方的花岗岩带产出的高温蜡石硬度高，密度好，质坚细腻，包浆度好，光洁如玉，润如脂冻，颜色丰富多彩，胶蜡和冻蜡甚佳。无论形、质、色、纹皆可同潮州蜡、台山蜡和云南黄龙玉媲美。既可作天然观赏石，也可作玉料雕琢玉饰及摆件。已被称为阳春鹅凰玉。

在阳春西部和西北部的永宁和圭岗两镇，地处云雾山脉的东南山地，是漠阳江最大支流西山河的流经地域，其支流和溪谷纵横遍野。圭岗镇的大朗、上垌、河坪、小水、三垌等地产出的蜡石，大的至几十吨，这些都是粗蜡，仅做园林石之用。但质美如玉的蜡石，小如弹丸至十几斤以上或二三百斤重的，可作为手玩石和居室厅堂摆设观赏。以色而论，黄蜡、白蜡最多。以质而论，胶蜡、冻蜡不少。其石型圆润，五色俱全，优者达五彩于一石，石质细腻透光，包浆好，颜色鲜艳，极为可人。

从大朗顺河流而下，直至陂面黄牛头四十

几公里的河段中，分布有不少黄、白、红和多彩蜡石，其中红蜡石不少，有浅红、肉红、大红色，多为红冻、红彩冻、红肉冻，犹如熟透的西红柿红得那般可爱，观之养眼垂涎。这类红蜡石价格甚高，在市场上十分抢手，现已资源枯竭，成紧俏物了！

在这段河床中及一些支流，有一种别具特色的天然水墨国画蜡石。蜡石原是无色透明或半透明的石英，因自然矿物元素渗入，使一些蜡石的颜色丰富起来，甚至图纹活灵活现，内涵越发丰富。特别是锰元素天然渗入，造就了水墨图纹蜡石，故称阳春水墨国画蜡。这类蜡石的图纹耐人寻味，使人啧啧称奇，石中画面仿佛国画大师在宣纸上淋漓挥洒或是有序的工笔勾描。每件蜡石画面不尽相同，林林总总，有意象也有具象，表现得当。山水画中的山石皴纹画法，与人画的笔法雷同，旱墨、擂墨、泼墨的作画手法大胆洗练，墨色的浓淡，完全酷似宣纸般的渗透效果。画面题材颇多，有山水、人物、花木、鸟兽、义字等，如《黄山胜景》《松瀑图》《鸣春》《龙腾九天》《贵妇人》《福》《寿》……造化神奇，书画生辉，乃天地杰作，让人叹为观止。阳春水墨国画蜡石，是独树一帜的蜡石神品，是国内蜡石家族中不可多得的佼佼者。这类上品蜡石身价不菲，深受石界和画界珍视和收藏，故十分畅销。

永宁镇的新江、铁峒、庙龙等地河流也产园林用的大蜡石，而且多产出宜居室摆设的观赏蜡石。石质有良莠之分，多黄、白蜡石，红蜡罕见，以新江产的蜡石最佳，色如黄金，质

若脂冻，这种蜡石在省内外深受赏石界欢迎。八甲镇除鹅凰嶂外，还有清湖、黄坡、河尾山，双滘镇莆竹、黄岗、五一，三甲镇的山坪、丰峒、长沙，潭水镇的南湖，松柏镇的北河、双黄、云容，陂面镇的陂面、湾口、黄牛头等地的河流、山坑、谷涧均产有大吨位的园林蜡石和可作居室观赏的靓蜡石，也不乏胶、冻蜡，上乘者多有天然包浆，质美形奇，或饱满端庄，或平卧如台，或高峭峻极，形态各异，内涵丰富，有怡情悦目之效。这些蜡石价格适宜，销路甚广。

阳春蜡石自古至今与英石都是本地富家大宅的案头供品和园林造景石，普通人家用做石凳石台，文人墨客以作镇纸石。阳春蜡石质地坚美，如脂似玉，细腻润泽，宝气十足，美不胜收。蜡石从过去作为艺术性的观赏物至今近二十年来已转型为商品化的物品，它被推向了市场，成了商品化、市场化的文化艺术商品，并成为石中耀眼的明星，是我国众多观赏石中的三大主打石种之一。阳春蜡石很早便以其靓丽的形、质、色、纹驰名南粤，走出了阳春，走出了广东，走向全国和世界，已深受国内外赏石和藏石界的青睐。

比邻阳春市南部，属阳江地域西北部的罗琴山脉、东岸山脉及阳江城区以北 10 公里的东岸水库上游山地，长达几十公里，溪流众多，这里有漠地峒、随峒、奕峒等处盛产蜡石，大者逾吨，可作园林用石，中小型的可作观赏石。此处产出的蜡石以胶蜡、细蜡为主，偶有胶冻蜡。其色橘黄、橙黄、黄白、鸡油色和花杂色，硬度摩氏 $6° \sim 7°$。形态多样，有皮状、片状、

蜂窝状、珍珠状、层叠纹状、竹叶纹状、网纹状……造型古怪，外形圆滑，色彩亮丽，水洗度好，手感舒适，有天然包浆。目前在阳东大八周亨有五彩猪肉皮冰质蜡石发现，硬度摩氏7°，腻滑如玉，极为难得。这类蜡石目前被用来雕制饰件和工艺品，是阳江赏石界的新明珠和新希望。

7. 广东粤北蜡石

广东简称粤，粤北是广东省的韶关市和清远市的"缩意"，均属山区和丘陵地带，位于广东的省会（广州）的北面，是广东省最大的区域。东与江西交界，西和广西比邻，南面向广州，北与湖南唇齿相依，是京广和外省入粤之要道，为五岭南北经济文化交流之枢纽。韶关市辖管北江区、浈江区、武江区、曲江县、仁化县、始兴县、翁源县、新丰县、乳源县，代管乐昌市和南雄市。

中华人民共和国成立后，广东省在韶关市先后设北江行署、韶关专署。1977年1月韶关市升格为地级市，1988年地市合并，实行市带县体制。1988年2月将英德、阳山、连县、连南、连山五个县划归清远市。原属广州市的新丰县划归韶关市。

粤北的清远市辖管清新县、连山县、佛冈县、阳山县、连南县、连州市和英德市。新中国成立后清远乃称清远县，属韶关地区，1983年7月改属广州市，1988年1月撤销清远县，设立清远市。

粤北是广东省乃至全国的奇石产地，每个地方均产蜡石，石种十分丰富，乐昌市盛产"青花石"，被中国观赏石协会授予"中国观赏石之乡"。英德市因盛产中国四大名石的"英石"而

李全超·广东粤北蜡石《荷发清香》

乐昌黄晶蜡石

从化蜡石　　　　　　　连山蜡石　　　　　　　佛冈蜡石

被中国收藏家协会授予"中国英石之乡"。有万般风情入画来的乳源"彩石"，有广东四大名园佛山梁园所收藏的十二方石均为粤北蜡石。

乐昌黄蜡石

乐昌市黄晶蜡石分布在广东省乐昌市的东部廊田镇等地。其基本特征为：黄晶蜡石：晶体较透明、干净，石有许多大小不一的晶洞，一条条大小不等的乳白色的石英脉体凸现在石的表面，晶透的石体透出金黄色的光彩，显出祥和之气。此石种由石英、氧化铁两种成分组成，属硅化岩粒状变晶结构。

从化市蜡石

从化市蜡石分布于广州从化市温泉、良口、吕田等镇。其基本特征为：以火山岩为主，硬度在摩氏7°，带有蜂巢状的蜡石，质韧、色亮，石肤厚润，有黄、红、浮粒点的红蜡石。石体完整无缺，基本是单体独石。不像其他产地的蜡石是从母体分离后，由于沙、石、水等冲撞搬运后而产生三角形、长方形、正方形或不规则的条状、多棱角状式、板状等。

连山县黄蜡石

连山县黄蜡石分布于连山县的吉田、太保等镇。其基本特征为：品种多样，石质结构精密细腻，色泽柔和艳丽，变化多样，形态完整饱满，边缘圆滑，收边自然。纹理及团块形成的浮雕图形，猪肉形、葡萄形状的彩色纹、铜钱纹、梅花纹极为珍贵。

佛冈县祥云石

佛冈县祥云石分布于佛冈县的石角、高岗镇。其基本特征为：石表面有由英石脉生成的云状图纹，故称祥云石。此石水洗度好，石质通透，色彩和丽。

清新县黄蜡石

清新县黄蜡石分布于清新县的飞来峡、秦皇山、高田、石坎等镇。其基本特征为：属岩浆岩，沉积在地壳中受高温、高压以及化学成分渗入的影响，在固体状态下发生剧烈变化后形成的矿物变质岩。最具特色的是黄中透红、黄中透白之感。

清新县黄蜡石

新丰黄蜡石

新丰县黄蜡石分布于新丰县的遥田、沙田、回龙镇。其基本特征为：以石英石为主，由母岩分裂而成，以山采石为多，因此石有一面是很好的浮雕状，一面则破损。石色以黄色为主，黄带白为次，其石体有两面都是蜂巢状。有的层次分明，色带对比强烈，呈猪肉状。新丰蜡石产量较多，是粤北蜡石的主产区。

仁化黄蜡石

仁化县蜡石分布于仁化县的长江、扶溪镇。其基本特征为：开发时间较长，蕴藏量较大，其颜色由于铁元素的侵蚀氧化程度较高，种类较多，有红、黄、白、绿、多彩色为最好，其色红丽鲜艳，有层次感，肤润质坚，形态多样，尽显富贵之相。

仁化蜡石

翁源黄蜡石

翁源县黄蜡石分布于翁源县的龙仙镇。其基本特征为翁源县黄蜡石原为石英岩，主要化学成分是二氧化硅，是水冲石，其色略带红色及白晶石纹，石肤

翁源蜡石

光滑，水冲度好，显得清雅高贵。

南雄黄蜡石

南雄市蜡石分布于南雄的主田、百顺、全安、乌迳、油山等镇。其基本特征为：原岩石性是石英石，主要成分是二氧化硅，油状蜡质的表层为低温熔物，韧性强，极富稳定性。南雄市蜡石有鸡血红、猪肝红、红枣红、橘黄、鸡油黄等色，其色泽稳定，经久不变。质地好，冻蜡润泽，柔中带刚，形态雅，自然流畅，古雅大方，具有"精光内蕴""厚重不迁"的品性。

南雄蜡石

高州黄蜡石

高州蜡石又名高凉南山彩玉，产自广东省高州市。早在宋朝，便广为赏石名家争相收藏。时任广西经略安抚使朱希颜将两块高州石屏（图文彩玉）呈送给副丞相洪迈，洪相欣喜不已，盛赞此石珍贵无比，并写下《高州石屏记》。现该彩玉更成为收藏新贵，作品屡在全国乃至国际展评中折桂。2014年1月，高州彩玉被中国观赏石命名审定委员会正式命名为"高凉南山彩玉"。

高凉南山彩玉属石英质玉石，摩氏硬度$6.5° \sim 7°$，密度$2.67 g/cm^3$，呈现红、黄、白、黑、绿等多种颜色。硬度高，水头足，玲珑剔透，色彩丰富，既有翡翠的光泽，又有和田玉的温润，为雕琢之良材，极具观赏和收藏价值。

高州彩蜡石

七、中国黄蜡石鉴赏及雕刻作品欣赏

黄蜡石鉴赏包括以下几个方面：一是黄蜡石的色彩丰富鲜艳，多呈黄色。它是亮丽的暖色调，也就是平常人们所说的富贵色。而这黄色细分又有明黄、蜡黄、棕黄、嫩黄，其色泽稳定，经久不变，十分耐看。而当中的红色蜡石也让人感觉到热情奔放，白蜡冻则会给人一种冰清玉洁的感觉，实在是妙不可言。

二是质地相当好。胶蜡、冻蜡都非常润泽，硬度、密度都较高，没有太大的火气，让人一见就生欢喜之心，令人爱惜，柔中有刚，很有亲和力。特别是冻蜡，透剔晶莹，无论视觉、手感都给人一种愉悦感，"石不能言最可人"，也许这就是最好的注解，它在这一点上与我们的国石田黄石可是有异曲同工之妙，有一种清雅之气，让人怜，让人惜。而且其硬度又比田黄石高很多。所以，天然成形的冻蜡，而无半点人工斧凿的痕迹，可遇而不可求，堪称绝品，其价值自然就高。而传统的四大名石在这一点上都是无法与之比拟的。有的冻蜡还有皮有壳包裹，而从千万年沙石水冲摩擦出的小口则可见到里面的晶莹，那实在是妙啊！

三是形状奇特多样。有的很像动物，像鱼，像龟，像兔子，像松鼠；有的像网络；有的像花簇。真是鬼斧神工，惟妙惟肖，令人叹为观止。那色彩，那形象，配合精妙，没有半点人为的痕迹，配上合适的架座，再摆设于厅堂或几案之上，满室生辉，真是人见人叹奇，人见人喜欢。而黄蜡石大、中、小均有，大者逾吨，可置于园林；中者可放厅堂，可放几案；小者有拳头美石，可作手玩之石。

四是稀有性。俗话说"物以稀为贵"，黄蜡石是稀有资源，而当中这么可人的胶蜡、冻蜡却是稀中之稀，难免就成了贵中之贵了。就是在连山这样的蜡石产区，粗蜡可以论吨计，可完整有形的胶蜡、冻蜡却是寥寥可数，实在难得，当地的奇石收藏家收藏到的一两件冻蜡一般都作为镇宅之宝，不会轻易转让。从中把玩，取其灵气，百看不厌。而随着人们生活水平的不断提高，人们对奇石的认识也逐步提高，奇石的需求量一定会比较大，而这种资源却是有限的。

总之，从质地方面看，黄蜡石具有硬、韧、细、腻、温、润等诸多特性。它们绝对没有令人生畏的野气，有的只是溢于表而纳于心的温和与灵气。蜡石把玩愈久，温润之感愈强，光彩和色泽也愈迷人，如同盘玉一样。黄蜡石的

张永忠《文房四宝》

质地细腻程度、透光性及折射光线的柔和度，都是考虑其品级的重要指标。高品质的黄蜡石质地细腻，通体蜡质感很强，用强光手电筒照射时，透光性好，对光线的折射柔和，肉眼看不到晶体颗粒。另外，黄蜡石用作收藏，当然石质玉化度越高越好。一般来说，胶蜡、冻蜡的玉化程度好，晶蜡次之，粗蜡则基本和石头没有多大差别。

从色彩方面看，真正的好黄蜡石完全可以和雨花石不相上下。红如鸡血，浅的则如枫如云；绿似翡翠，浅的又似藻似水；白如白玉；黄则很像田黄……变化纷繁，深浅不一。有图形的则似泼墨山水、花鸟鱼虫，观之有如图画，意境悠远，妙趣横生，形美且色佳。黄蜡石按颜色分，可以

分为红色、黄色、白色、黑色四大色系，以色重纯黄为贵，以色彩鲜艳者为佳，比如黄红这样的颜色是不错的选择。可以说，黄蜡石的颜色愈鲜艳、愈纯正、愈稀有，愈为上品。

从形态方面看，蜡石虽是以敦厚浑实者居多，却颇能给人以稳重自然之感。有的似蜂巢，视之峰峦叠起，悬崖峭壁，参差不齐却错落有致；也有呈珠状，白则如千年珍珠般晶莹光滑，黄又似熟透枇杷般油亮浑圆。黄蜡石的形状奇特多样，可用于雕刻，也可直接用作风景石，因此选择一个形状别致，且纹路细而具有独特风韵的黄蜡石，价值肯定不菲。此外，还要看石上有无脏点、石筋、萝卜丝，有无裂纹缺口、有无死蜡等。

黄蜡石的价值没有绝对的，要据玉化程度，还有颜色、沙眼裂痕等各个方面综合考量。干净的蜡石，看料的幅度，好的料几百上千都有人要，也有几十元的也无人买，不尽相同。黄蜡石是稀有资源，难免就成了贵中之贵了。在黄蜡石市场，若遇到极品黄蜡石，售价在万元、十几万元甚至百万元都是有先例的。

石之美者为玉，面对林林总总的优质蜡石，我们都乐于以美玉相称，例如黄龙玉及台山玉等等。这些颜色鲜艳，质地致密，肌肤柔润的美玉确实是令人爱不释手。工艺师们的巧手雕琢更是锦上添花。

潘天华《铁拐李》

赏析

该石下方是滚滚长江水东流而去，犹如惊涛拍岸卷起千堆雪。上方是壁立千仞的屏障，道道深沟战壕、古栈道，千险犹存。其纹理变化多样，粗细相间，纵横交错，清晰可辨。其色黄中泛红，再现千年前周郎火烧曹营时火光冲天、硝烟弥漫的古战场。

此作品大方正气，配以名贵的红木雕花座，的确是一件神形兼备的极品。

赤壁怀古
产地：粤北蜡石
尺寸：30×18×43（厘米）
收藏者：陈云庵

清风摇影

产地：阳江蜡石

尺寸：28 × 22 × 4（厘米）

收藏者：曾卫强

盛世腾龙

产地：广西三江蜡石

尺寸：25 × 20 × 68（厘米）

收藏者：宝丛阁

观音菩萨满金身，眉间毫相七宝色。流出光明满十方，光中化佛无数亿。

慈悲为怀

产地：广东潮州蜡石

尺寸：12×8×23（厘米）

收藏者：陈昌

秋游

产地：台山蜡石

尺寸：25 × 15 × 12（厘米）

收藏者：陈晶

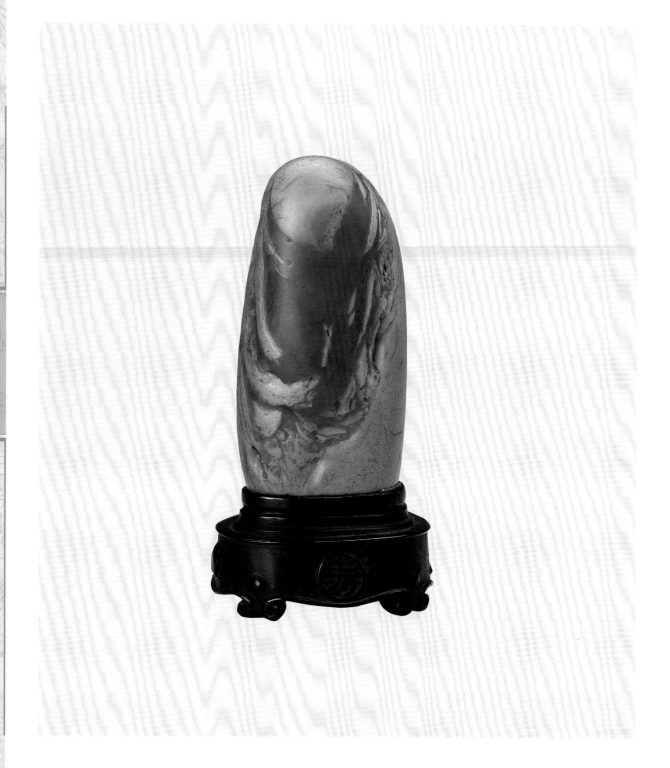

张大千

产地：台山蜡石

尺寸：22×12×12（厘米）

收藏者：陈晶

广寒宫
产地：电白黄金蜡
尺寸：32 × 28 × 22（厘米）
收藏者：陈晶

缘
产地：潮州蜡石
尺寸：25 × 15 × 23（厘米）
收藏者：陈树亮

天华山秋色
产地：丹东蜡石
尺寸：14×20×7（厘米）
收藏者：丹东石协

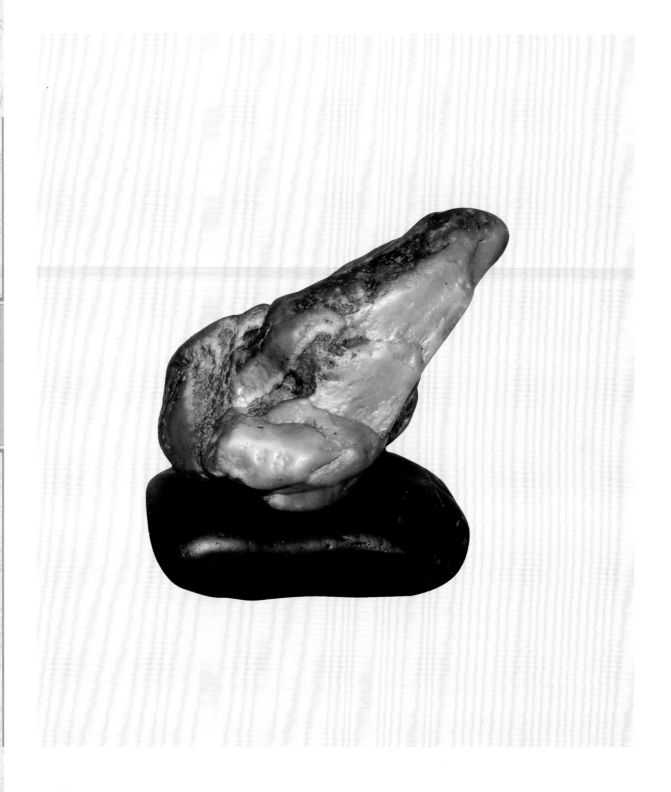

金蟾
产地：丹东蜡石
尺寸：14×19×9（厘米）
收藏者：丹东石协

赏析

龙生赑屃降人间，负重驮碑自泰然。

只为经文传盛世，辛勤无怨乐万年。

神龟
产地：丹东蜡石
尺寸：170×145×75（厘米）
收藏者：丹东石协

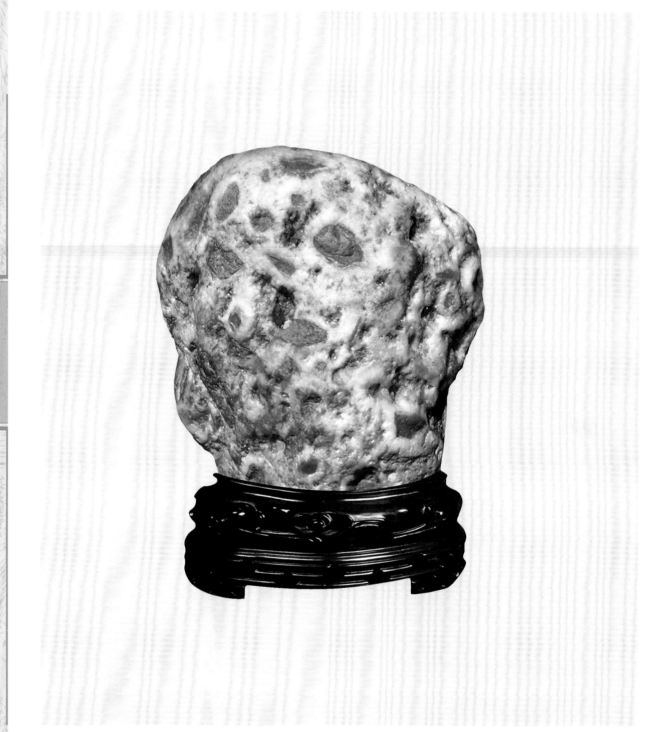

满目金辉

产地：丹东黄蜡石

尺寸：26×12×12（厘米）

收藏者：丹东石协

金辉

产地：丹东黄蜡石

尺寸：9×10×7（厘米）

收藏者：丹东石协

鸿运当头

产地：丹东黄蜡石

尺寸：25 × 33 × 16（厘米）

收藏者：丹东石协

华山一条路
产地：从化蜡石
尺寸：40×23×68（厘米）
收藏者：丹东石协

金玄山

产地：仁化蜡石

尺寸：15×10×13（厘米）

收藏者：冯卫

蓄势

产地：仁化蜡石

尺寸：30 × 8 × 22（厘米）

收藏者：冯卫

佛

产地：海南黄蜡石

尺寸：8×5×12（厘米）

收藏者：冯春光

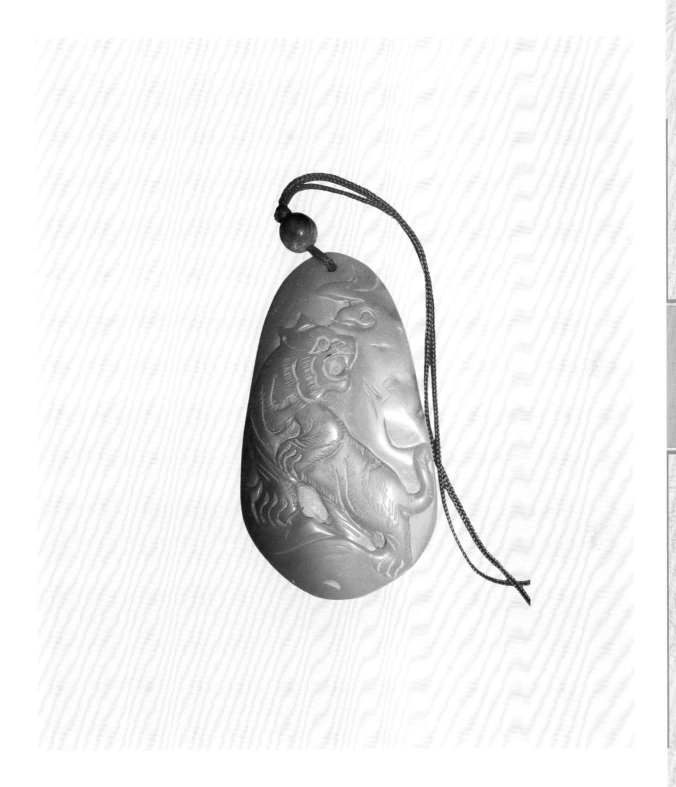

虎威

产地：海南黄蜡石

尺寸：8 × 3 × 10（厘米）

收藏者：冯春光

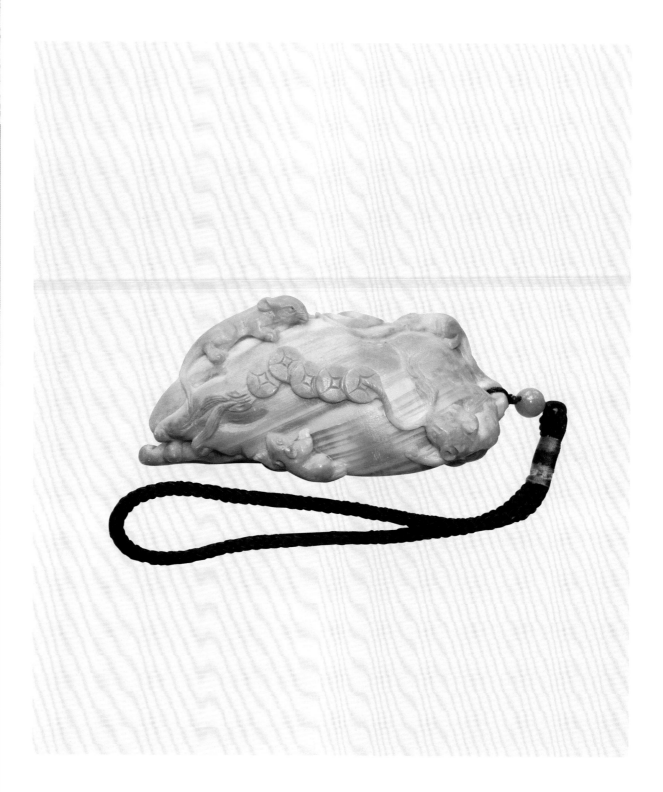

鼠来宝

产地：海南黄蜡石

尺寸：7×6×11（厘米）

收藏者：冯春光

英姿

产地：广西岑溪黄蜡石

尺寸：45 × 12 × 33（厘米）

收藏者：冯炳金

赏析

参天茂密大树，庇护一方乐土。

风霜雨雪无俱，珠光宝气满屋。

此处永无战乱，七彩丰润富足。

万年安静祥和，仿佛仙境国度。

仙境

产地：贺州蜡石

尺寸：32 × 17 × 20（厘米）

收藏者：冯炳金

观音

产地：贺州蜡石

尺寸：11 × 7 × 15（厘米）

收藏者：冯炳金

云台仙踪

产地：贺州绿冻蜡石

尺寸：20 × 12 × 23（厘米）

收藏者：冯炳金

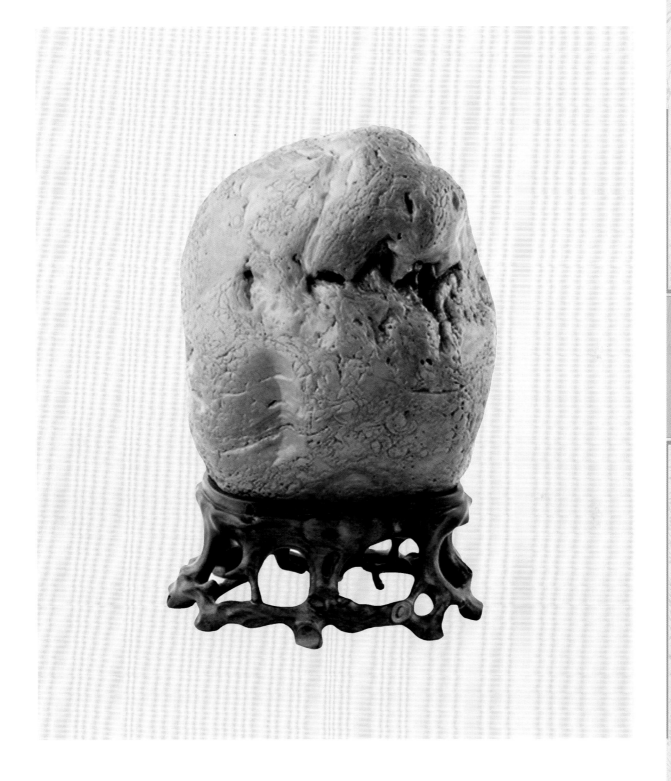

白云深处洞天开
产地：浙江蜡石
尺寸：22 × 18 × 32（厘米）
收藏者：何坚毅

秋波荡漾

产地：浙江蜡石

尺寸：38×16×26（厘米）

收藏者：何坚毅

梦里驼铃远，流沙护客魂。

雄风奔万里，起卧定晨昏。

沙漠之舟

产地：江西上犹蜡石

尺寸：14×16×6（厘米）

收藏者：何益辉

鸿运当头

产地：广西贺州八步蜡

尺寸：28 × 21 × 36（厘米）

收藏者：冯炳金

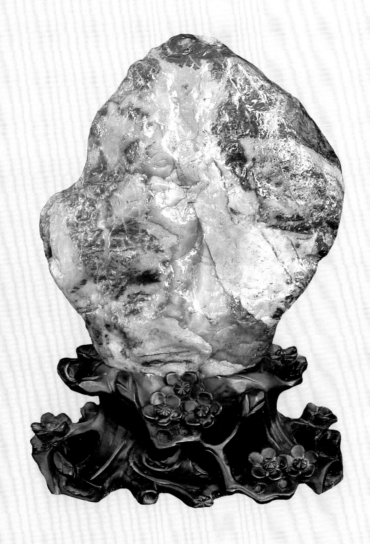

喜上眉梢
产地：广西贺州八步蜡石
尺寸：21 × 16 × 32（厘米）
收藏者：冯炳金

珠光宝气

产地：黄山珍珠蜡石

尺寸：12×8×6（厘米）

收藏者：洪祁

印鉴

产地：海南蜡石

尺寸：18×11×19（厘米）

收藏者：冯春光

赏析

朝游碧海，暮宿苍梧，睹关外白云，云外神仙，慧眼临空当识我。西望昆仑，东瞻华岳，听陇中铁笛杨柳，边关无处不回春。

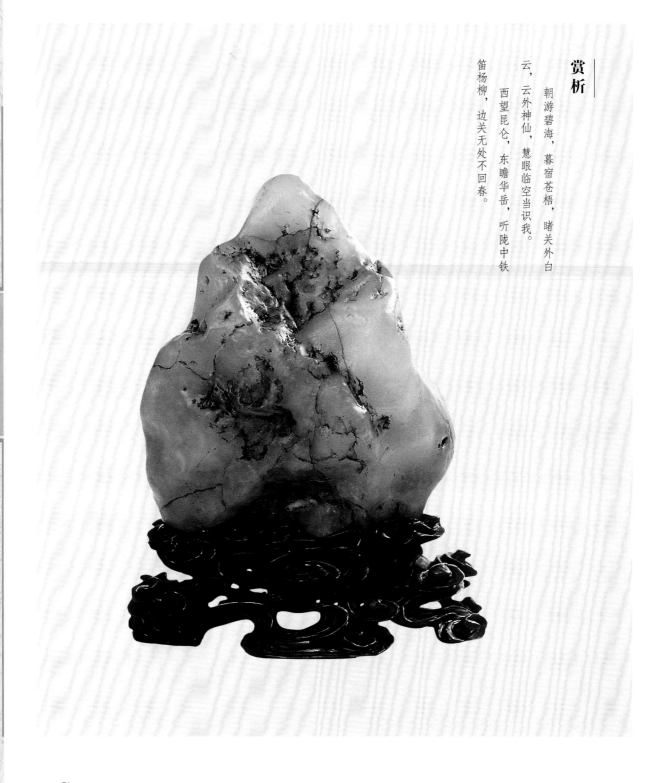

听禅
产地：广东电白黄金蜡石
尺寸：18×12×33（厘米）
收藏者：黄强

多仔佛

产地：云南龙陵

尺寸：15 × 12 × 16（厘米）

收藏者：云南省观赏石协会

灵狐听禅
产地：广东高州蜡石
尺寸：58×38×63（厘米）
收藏者：黄代飞

观山霞彩

产地：广东高凉南山彩玉

尺寸：23×15×38（厘米）

收藏者：黄代飞

润
产地：黄山蜡石
尺寸：18×12×31（厘米）
收藏者：刘亚南

赏析

日暖香繁已盛开，开时曾达千百回。
春风岂是多情思，相伴花前去又来。

后庭花开

产地：广西八步蜡石

尺寸：47 × 32 × 60（厘米）

收藏者：黄就伟

朝霞

产地：河源蜡石

尺寸：16 × 10 × 18（厘米）

收藏者：黄祥明

风姿绰约

产地：台山蜡石

尺寸：12×14×5（厘米）

收藏者：黄艺麟

寿翁

产地：云南黄龙玉

尺寸：8 × 6 × 12（厘米）

收藏者：云南省观赏石协会

草花
产地：云南黄龙玉
尺寸：15×7×13（厘米）
收藏者：云南省观赏石协会

草花天然摆件

产地：云南黄龙玉

尺寸：18×8×23（厘米）

收藏者：云南省观赏石协会

微风招菊
产地：浙江蜡石
尺寸：23 × 11 × 36（厘米）
收藏者：江民垣

珠玉垒成

产地：电白黄金蜡石

尺寸：26 × 20 × 35（厘米）

收藏者：康日学

梅花朵朵

产地：乐昌黄晶蜡石

尺寸：20×15×32（厘米）

收藏者：乐昌观赏石协会

赏析

熏风吹皱碧云天，浮翠荷塘并蒂莲。

粉彩闻香翩起舞，游人不醉也难眠。

荷发清香

产地：广东粤北蜡石

尺寸：18×8×21（厘米）

收藏者：李全超

喜上眉梢
产地：云南黄龙玉
尺寸：17 × 9 × 20（厘米）
收藏者：李群云

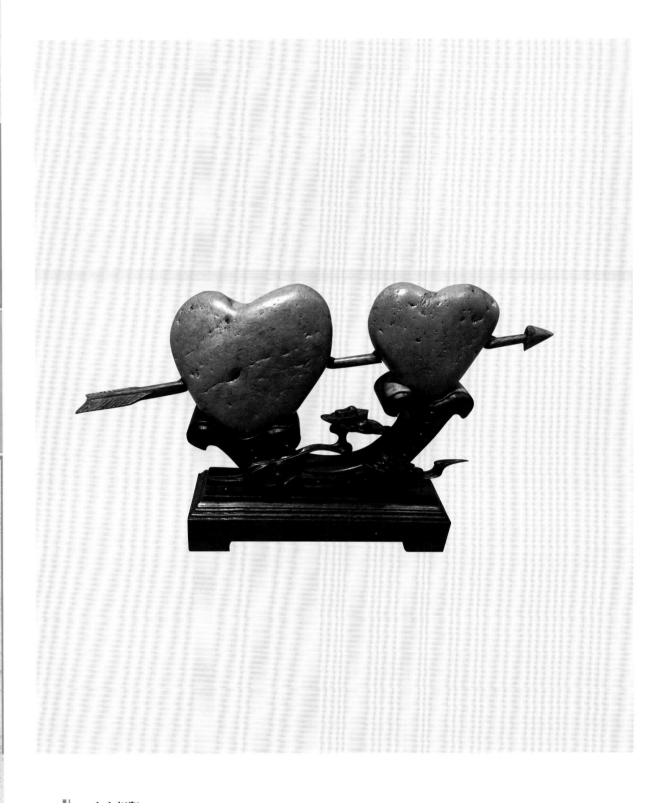

心心相印

产地：广西八步蜡石

尺寸：42×7×25（厘米）

收藏者：梁炳豪

招财瑞兽
产地：广西八步蜡石
尺寸：27 × 14 × 25（厘米）
收藏者：梁炳豪

寿桃

产地：广东阳春彩蜡

尺寸：108×80×58（厘米）

收藏者：梁飘

江山多娇

产地：广东阳春彩蜡

尺寸：56×37×70（厘米）

收藏者：梁飘

青壁悬岩
产地：潮州蜡石
尺寸：22 × 10 × 15（厘米）
收藏者：林勋敏

赏析

一位慈祥的老者，安然地端坐着，身边一群儿孙形态各异，或依偎在身旁，或嬉戏玩耍，其乐融融。老者正默默地享受着儿孙们给他带来的欢乐。这种天伦之乐的景象，也是所有长者所祈盼的晚年生活。

《天伦乐》这块蜡石，形色突出，质纹兼备，是一块难得的好石头！

天伦乐
产地：潮州蜡石
尺寸：20 × 17 × 15（厘米）
收藏者：林南

潮州膀饼
产地：潮州蜡石
尺寸：14×15×6（厘米）
收藏者：林明

灵芝
产地：潮州蜡石
尺寸：20 × 13 × 22（厘米）
收藏者：林明

镶珠嵌玉
产地：永安蜡石
尺寸：30×18×13（厘米）
收藏者：练志宜

男儿当自强
产地：台山蜡石
尺寸：12 × 22 × 9（厘米）
收藏者：凌文龙

半边杨桃

产地：广东台山蜡

尺寸：9×13×6（厘米）

收藏者：凌文龙

蝴蝶翩翩
产地：广东台山草花冻蜡
尺寸：20 × 20 × 6（厘米）
收藏者：凌文龙

黄河入海流

产地：广东台山蜡石

尺寸：24 × 15 × 8（厘米）

收藏者：凌文龙

秋江丽影

产地：广东台山蜡石

尺寸：20 × 25 × 8（厘米）

收藏者：凌玉堂

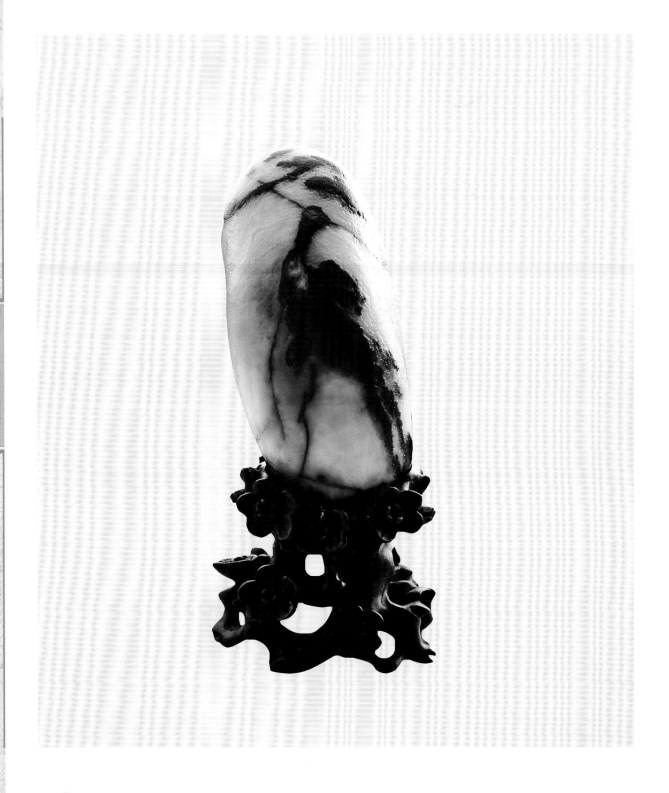

仙鹤
产地：广东台山蜡石
尺寸：15 × 8 × 25（厘米）
收藏者：凌玉堂

赏析

不虚为一日，当统领万夫。

大将风度
产地：黄山彩冻蜡
尺寸：12×18×9（厘米）
收藏者：刘亚南

赏析

夸张造型石中稀，饕餮大口只为食。

男儿口大吃四方，鲲鹏振翅凌云志。

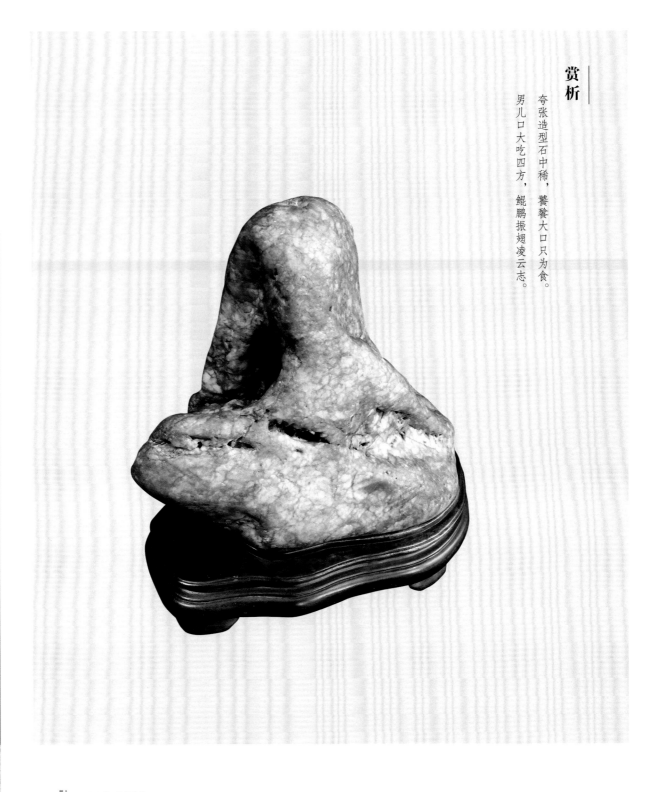

口大吃四方

产地：广西博白蜡石

尺寸：25 × 18 × 32（厘米）

收藏者：刘伟

赏析 |

形质色纹是最真，吐丝做茧为明天。等待良辰吉时到，破釜沉舟业重振。

重振大业

产地：广东潮州蜡石

尺寸：22 × 13 × 26（厘米）

收藏者：刘伟

赏析

奇石《美髯关公》整体为关公半身像。关公头部略昂，由石纹组成的具有关公形象代表性的美髯飘至胸前，尽显关公气宇轩昂、侠肝义胆之神韵。

作为武圣，关公那具有传奇神功的臂膀，宽阔而有力度，肌肉依稀可见。头戴的官帽，恰为当年时代特征。此石包浆完美，无任何人工痕迹。

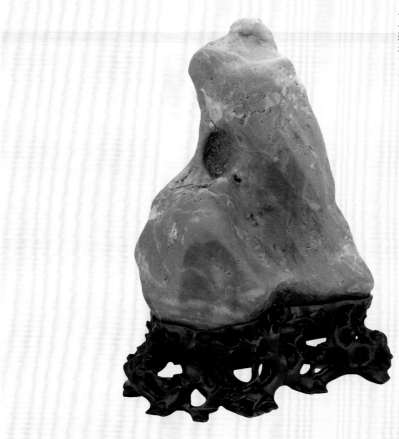

美髯关公

产地：云南蜡石

尺寸：41×22×41（厘米）

收藏者：刘志刚

米奇老鼠
产地：广东台山蜡石
尺寸：7 × 6 × 24（厘米）
收藏者：刘浩棠

诱惑
产地：上犹多色蜡石
尺寸：14 × 7 × 13（厘米）
收藏者：刘祖明

玲珑

产地：乐昌蜡石

尺寸：30 × 13 × 42（厘米）

收藏者：丘才郁

元宝
产地：仁化蜡石
尺寸：23 × 18 × 22（厘米）
收藏者：仁化观赏石协会

赏析

谁把藕丝牵大象，我将铁棒打苍蝇。

铁拐李

产地：广东电白黄金蜡

尺寸：15 × 9 × 23（厘米）

收藏者：潘天华

佛法无边

产地：云南黄蜡石

尺寸：35×20×40（厘米）

收藏者：祁荣驹

赏析

八爪横行四野惊，双螯舞动威风凌。

孰知腹内空无物，蘸取姜醋伴酒吟。

敢为天下先

产地：赣州蜡石

尺寸：15×16×7（厘米）

收藏者：罗承立

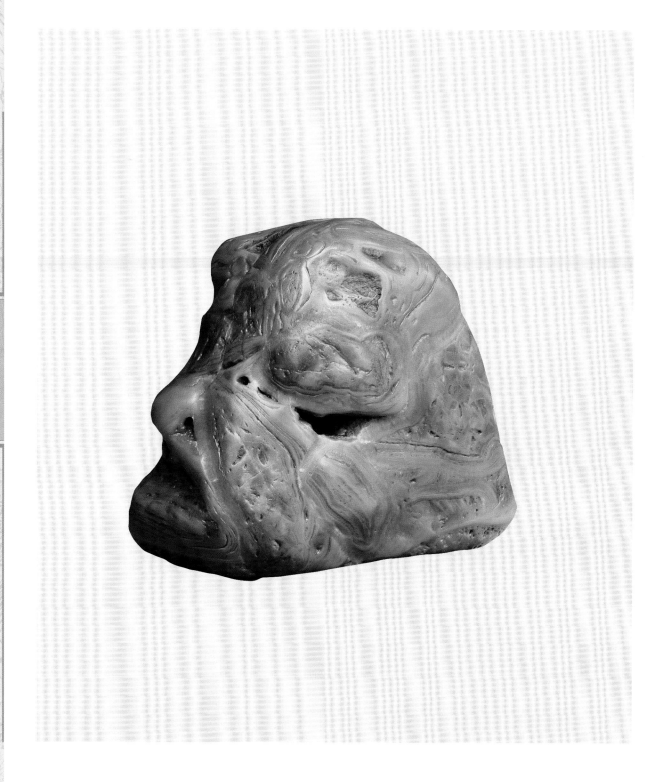

我是谁

产地：云南黄蜡石

尺寸：34 × 28 × 18（厘米）

收藏者：聂永祥

纹

产地：仁化磨砂蜡石

尺寸：20×6×28（厘米）

收藏者：蒙万文

穿越
产地：江西上犹蜡石
尺寸：22 × 10 × 26（厘米）
收藏者：王庆平

鬼斧神工
产地：阳江蜡石
尺寸：26 × 9 × 30（厘米）
收藏者：王文兴

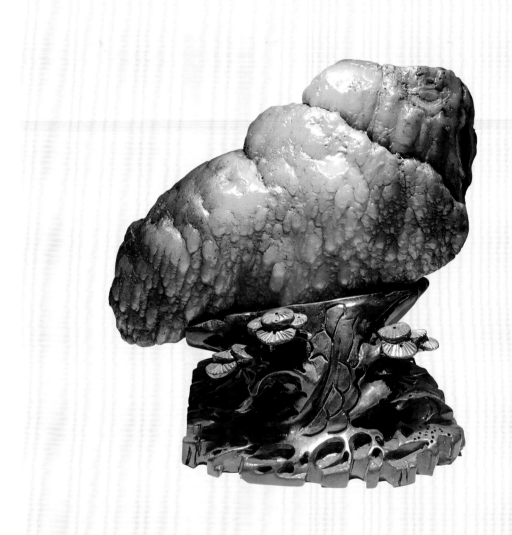

富贵鸟

产地：阳江蜡石

尺寸：18×8×28（厘米）

收藏者：王文兴

流金溢彩
产地：翁源蜡石
尺寸：28 × 20 × 29（厘米）
收藏者：翁源观赏石协会

赏析

去城六七里，别有招提，

忙里抽身，午困最宜禅榻静。

▌卧佛
产地：广东韶关蜡石
尺寸：15×8×12（厘米）
收藏者：谭欣庆

始祖
产地：蜡石（清代古石）
尺寸：15 × 10 × 19（厘米）
收藏者：伍辉

古奇石洪福齐天

产地：广西八步红蜡

尺寸：30 × 16 × 43（厘米）

收藏者：伍辉

圆润

产地：云南黄龙玉

尺寸：16 × 12 × 21（厘米）

收藏者：夏小平

赏析

大江东去浪滔天，豪情万里指天健。

峡江图

产地：高州彩蜡石

尺寸：38×30×50（厘米）

收藏者：许周

赏析

高峰耸立壁千埑，凌云壮志盖九天。

江山秀美中华情，石来运转国梦圆。

高峰耸立

产地：高州彩蜡石

尺寸：20 × 18 × 28（厘米）

收藏者：许周

罗汉伏虎
产地：潮州蜡石
尺寸：22 × 12 × 8（厘米）
收藏者：谢岳锋

仙桃峰

产地：黄蜡石

尺寸：36 × 21 × 38（厘米）

收藏者：谢志锋

年年有余

产地：阳春蜡石

尺寸：18 × 11 × 23（厘米）

收藏者：阳春观赏石协会

凝脂
产地：阳江蜡石
尺寸：19 × 13 × 28（厘米）
收藏者：阳江观赏石协会

七、中国黄蜡石鉴赏及雕刻作品欣赏

岁月黄山
产地：安徽黄山蜡石
尺寸：22 × 15 × 28（厘米）
收藏者：叶晓明

金鸡
产地：黄山蜡石
尺寸：15 × 8 × 27（厘米）
收藏者：叶晓明

云海

产地：黄山蜡石

尺寸：20×9×32（厘米）

收藏者：叶晓明

吉祥鸟
产地：永安蜡石
尺寸：25 × 13 × 8（厘米）
收藏者：钟三胜

金窝
产地：黄山蜡石
尺寸：18 × 13 × 28（厘米）
收藏者：叶晓明

东方雄狮
产地：云南蜡石
尺寸：68 × 29 × 35（厘米）
收藏者：云南省观赏石协会

天池
产地：云南黄龙玉
尺寸：13 × 10 × 7（厘米）
收藏者：云南省观赏石协会

点将台
产地：云南黄龙玉
尺寸：19 × 15 × 13（厘米）
收藏者：云南省观赏石协会

洪福
产地：云南黄龙玉
尺寸：12 × 8 × 14（厘米）
收藏者：云南省观赏石协会

金猪
产地：河源蜡石
尺寸：83 × 39 × 50（厘米）
收藏者：游勇

道骨仙翁

产地：贺州竹叶皱蜡石

尺寸：30 × 16 × 35（厘米）

收藏者：张伟武

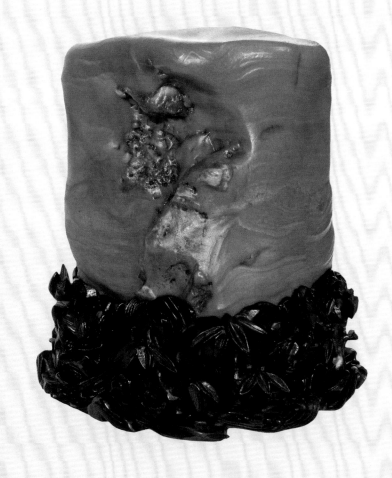

灵岩

产地：永安蜡石

尺寸：15 × 16 × 10（厘米）

收藏者：张宏平

玉峰叠翠
产地：云南黄龙玉水冲凝结石
尺寸：25×18×43（厘米）
收藏者：张旭玉

赏析

坤包华美敢夸言，士女携身更艳妍。

皆是神工思造化，赐来金银喜结缘。

珍包

产地：云南黄龙玉画面石

尺寸：14×9×7（厘米）

收藏者：张旭

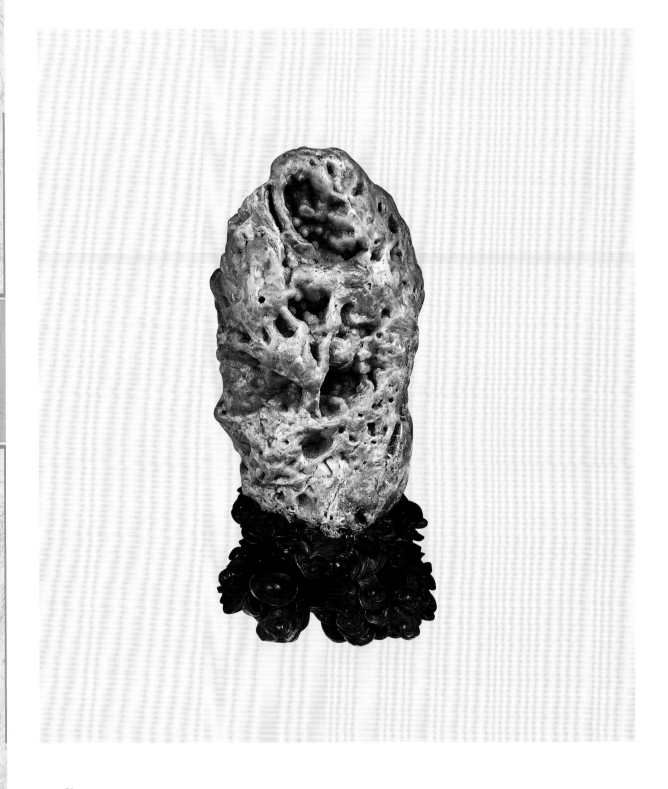

金璧藏珠

产地：清远蜡石

尺寸：22×13×42（厘米）

收藏者：张森泉

司晨

产地：清远蜡石

尺寸：43 × 12 × 49（厘米）

收藏者：张森泉

文房四宝

产地：广东电白黄金蜡

尺寸：12 × 8 × 15（厘米）

收藏者：张永忠

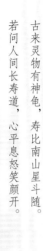

赏析

古来灵物有神龟，寿比南山星斗随。

若问人间长寿道，心平息怒笑颜开。

金钱龟

产地：上犹单色蜡石

尺寸：23 × 10 × 20（厘米）

收藏者：张继茂

华夏五千年
产地：上犹双色蜡石
尺寸：70 × 73 × 30（厘米）
收藏者：张继茂

年年有鱼
产地：永安蜡石
尺寸：29 × 16 × 7（厘米）
收藏者：张茂青

玉鸳鸯
产地：电白黄金蜡石
尺寸：21 × 13 × 16（厘米）
收藏者：周保光

迎宾

产地：潮州蜡石

尺寸：30 × 16 × 6（厘米）

收藏者：朱旭佳

风起云涌

产地：黄山蜡石

尺寸：30 × 26 × 16（厘米）

收藏者：池百合

莎士比亚
产地：黄山蜡石
尺寸：36 × 20 × 15（厘米）
收藏者：吴军

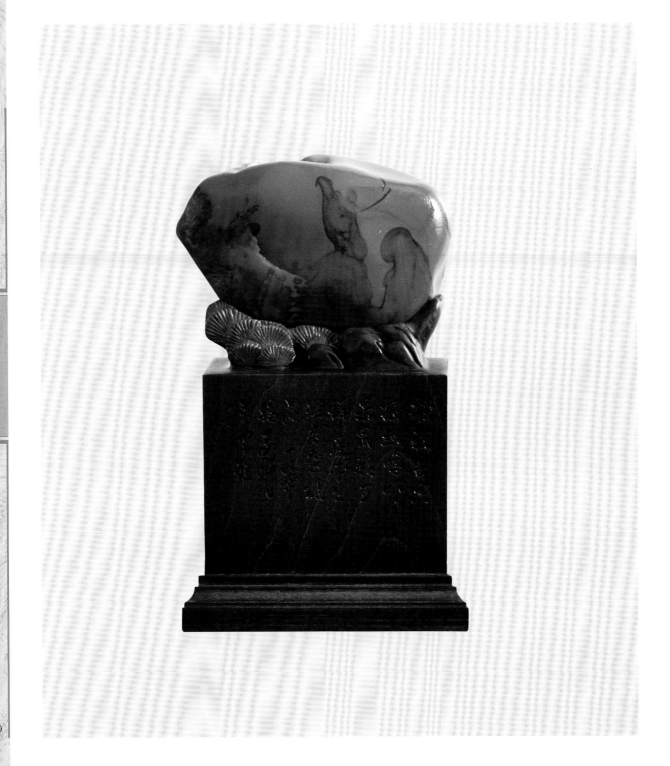

高瞻远瞩
产地：黄山蜡石
尺寸：7 × 10 × 6（厘米）
收藏者：吴军

沧桑

产地：黄山玉

尺寸：28×22×15（厘米）

收藏者：吴佳辉

王母仙桃

产地：黄山珍珠蜡

尺寸：23 × 20 × 12（厘米）

收藏者：吴志奇

岁月留痕

产地：黄山玉

尺寸：23 × 15 × 18（厘米）

收藏者：孟涛

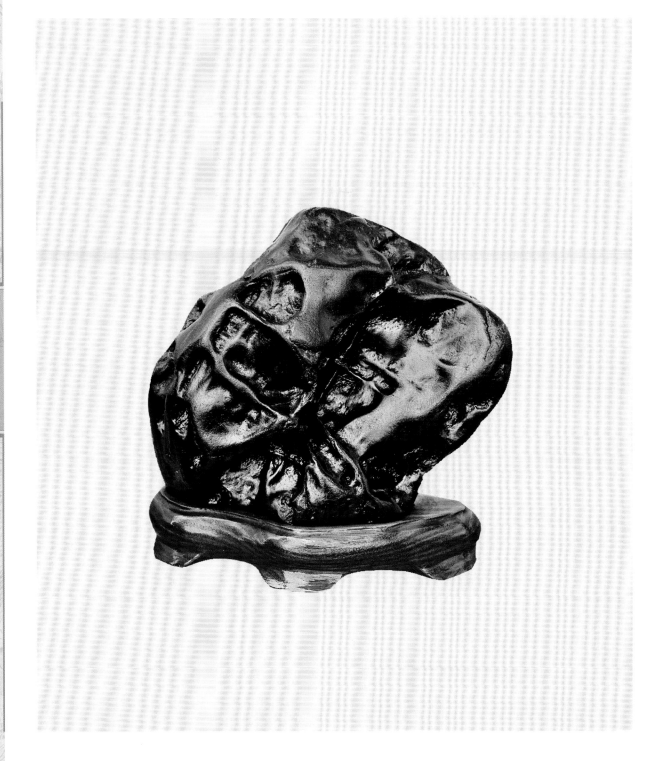

天生丽质
产地：黄山乌蜡
尺寸：18×16×8（厘米）
收藏者：孟涛

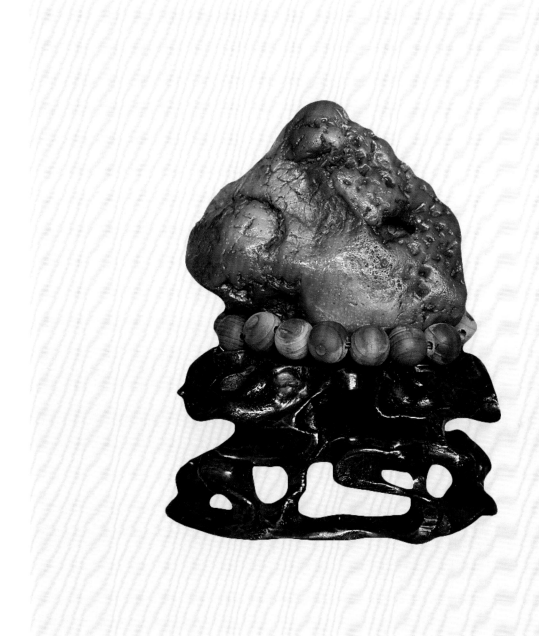

吾心即佛
产地：黄山玉
尺寸：11 × 10 × 6（厘米）
收藏者：艾明义

金玉昆仑

产地：云南镇安蜡

尺寸：43 × 88 × 45（厘米）

收藏者：邓伟卓

南极仙翁
产地：云南龙陵蜡
尺寸：100×55×45（厘米）
收藏者：邓伟卓

自在佛

产地：英德竹叶纹蜡

尺寸：45×43×20（厘米）

收藏者：邓伟卓

峰峦叠翠

产地：湘乡黄蜡石

尺寸：40×23×50（厘米）

收藏者：刘惠忠

元宝
产地：沅陵黄蜡石
尺寸：75 × 26 × 41（厘米）
收藏者：刘惠忠

晖辉
产地：邵东黄蜡石
尺寸：76 × 28 × 40（厘米）
收藏者：刘惠忠

财神
产地：英德黄蜡石
尺寸：60 × 76 × 50（厘米）
收藏者：莫俊勇

灵龟渡海

产地：英德黄蜡石

尺寸：103 × 62 × 70（厘米）

收藏者：莫俊勇

老蜡纪年
产地：潮州黄蜡石
尺寸：18×16×3（厘米）
收藏者：聚雅堂

金鸭卧福波
产地：洛阳黄蜡石
尺寸：36 × 28 × 18（厘米）
收藏者：文船借剑

招财进宝

产地：栾川黄蜡石

尺寸：30×18×13（厘米）

收藏者：陈国朔

金鹏昂首
产地：河洛黄蜡石
尺寸：30×25×5（厘米）
收藏者：李世欣

御宝丰春
产地：贺州八步蜡
尺寸：20 × 12 × 8（厘米）
收藏者：聚雅堂

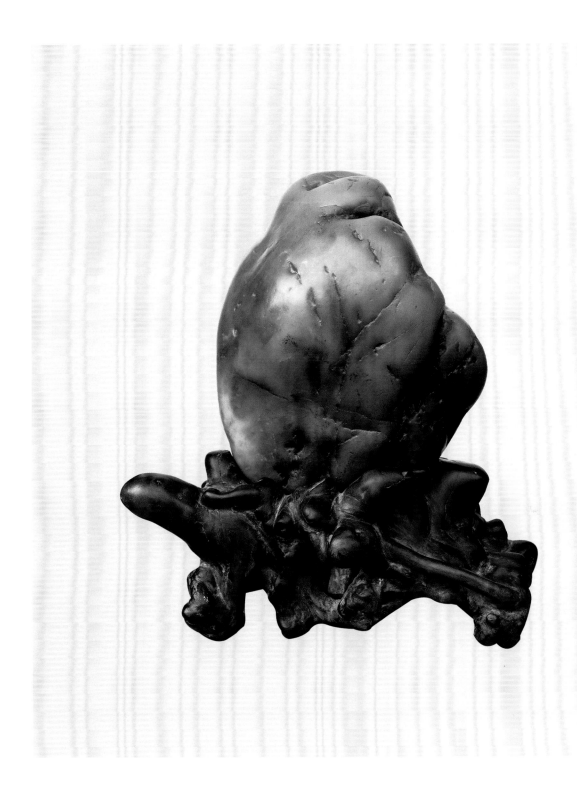

猴年大吉
产地：河洛黄蜡石
尺寸：21 × 16 × 8（厘米）
收藏者：陈文营

彬彬有礼

产地：柳州黄蜡石

尺寸：39 × 22 × 16（厘米）

收藏者：文船借剑

吉祥长寿

产地：河洛黄蜡石

尺寸：30×20×12（厘米）

收藏者：黄南方

王者蜂窝
产地：新丰黄蜡石
尺寸：40 × 23 × 45（厘米）
收藏者：冯光辉

麒麟送子

产地：新丰黄蜡石

尺寸：12 × 11 × 18（厘米）

收藏者：彭代理

寿比南山

产地：新丰黄蜡石

尺寸：50×19×40（厘米）

收藏者：李新会

玉兔蜂石
产地：新丰黄蜡石
尺寸：67×11×55（厘米）
收藏者：李新会

世博（中国馆）

产地：新丰黄蜡石

尺寸：47×26×30（厘米）

收藏者：潘启浩

甜蜜蜜
产地：新丰蜂窝石
尺寸：33 × 6 × 36（厘米）
收藏者：潘启浩

为民掌权

产地：新丰黄蜡石

尺寸：14×16×18（厘米）

收藏者：胡椒

一人
产地：新丰黄蜡石
尺寸：23 × 13 × 9（厘米）
收藏者：陈伊凡

掌上明珠
产地：新丰黄蜡石
尺寸：29×10×30（厘米）
收藏者：陈伊凡

金印在手
产地：新丰黄蜡石
尺寸：20 × 9 × 30（厘米）
收藏者：陈伊凡

禅
产地：阳江黄蜡石
尺寸：23×20×32（厘米）
收藏者：王文兴

高头望远
产地：阳江黄蜡石
尺寸：24 × 14 × 3（厘米）
收藏者：张智朗

金玉辉煌
产地：阳江黄蜡石
尺寸：30 × 28 × 16（厘米）
收藏者：王文兴

两相依

产地：阳江黄蜡石

尺寸：大 65 × 40 × 12（厘米）

　　　小 22 × 20 × 8（厘米）

收藏者：王文兴

醒狮

产地：阳江黄蜡石

尺寸：25×21×9（厘米）

收藏者：王文兴

附　录

一、中国蜡石专著一览

笔者所收藏的蜡石书籍，列表如下：

1. 吴培德、徐文正、劳秉衡编著，《中国岭南蜡石》，广东科技出版社 2000 年版

2. 郑建材著，《粤东蜡石探奇》，岭南美术出版社 2001 年版

3. 张衔赐编著，《黄蜡石》，岭南美术出版社 2003 年版

4. 罗刚艺主编，从化市奇石根艺协会编，《从化蜡石》

5. 杨俊华主编，潮州市湘桥区文化局、旅游局编，《赏石文萃》，2004 年版

6. 凌文龙、宋石明、黄铭正编著，《广东台山美石》，中国收藏出版社 2005 年版

7. 杨俊华主编，潮州蜡石编辑委员会编，《潮州蜡石》

8. 冯炳金主编，《贺州蜡石》，香港讯通出版社 2006 年版

9. 刘亚南、李津编著，《黄山蜡石》，黄山书社 2006 年版

10. 王浩平、陈振辉主编，河源市首届奇石展览筹委会编，《河源蜡石》

11. 葛宝荣主编，《云南珍宝：黄蜡石·黄龙玉》，地质出版社 2007 年版

12. 柯志武、吴华硕编著，《雅石珍玩》（电白黄金蜡石），天马出版有限公司 2007 年版

13. 唐正安编著，《融安黄蜡石》，百通出版社 2007 年版

14. 杨树雄主编，《中国潮州蜡石宝典》，华南理工大学出版社 2009 年版

15. 钟三胜主编，《永安蜡石》

16. 谭欣庆主编，《韶关蜡石》

17. 刘浦梅主编，《南雄赏石》

18. 甘志强总编，《广东紫金蜡石集锦》，《宝藏》杂志社 2012 年版

19. 冯卫主编，《仁化蜡石》

20. 冯卫主编，《仁化赏石》

21. 黄祥明主编，《东源藏石》

22. 沈泓主编，《黄蜡石收藏与投资》

二、中国黄蜡石专项展会一览

1.2016 年 7 月 10 日，昆明泛亚石博会云南龙陵黄龙玉专项展

2.2016 年 4 月 18 日，中国鹰潭观赏石博览会暨月湖区首届黄蜡石文化旅游节

3.2016 年 9 月 28 日，中国（英德）英石文化节黄蜡石专项展销

4.2015 年首届"天师奖"全国黄蜡石网络大赛

5.2015 年 6 月 27 日，中国南昌首届黄蜡石玉石文化博览会

6.2015 年 5 月 30 日，中国兰溪首届黄蜡石玉石文化博览会

7.2015 年中国龙游黄龙玉赏石文化博览会

8.2015 年云南省保山市龙陵县首届中国·龙陵黄龙玉旅游文化节

9.2014 年洛阳栾川黄蜡石精品展

10.2014 年首届中国（赣州）黄蜡石文化博览会暨赣县樱花节

11.2014 年 11 月 29 日，江西省黄蜡石文化集聚区开园仪式

12.2014 年 10 月 11 日，首届中国药都（樟树）黄蜡石旅游文化节

13.2010 年 11 月 26 日，金华市首届黄蜡石、萤石雕刻艺术精品展览会

14.2014 年 8 月 24 日，辽宁丹东市振安区黄蜡石文化节

15.2012 年 12 月 27 日，内蒙古兴安盟首届黄蜡石奇石展

16.2012 年 9 月 22 日，中国·衢州黄蜡石（珠宝）博览会

参考文献

［1］阎崇年. 中国市县大辞典［M］. 北京：中共中央党校出版社，1998.

［2］杨树雄. 中国潮州蜡石宝典［M］. 广州：华南理工大学出版社，2009.

［3］凌文龙，宋石明，黄铭正. 广东台山美石［M］. 北京：中国收藏出版社，2005.

［4］葛宝荣. 蜡石·黄龙玉［M］. 北京：地质出版社，2007.

［5］吴新民. 中国昆石［M］. 上海：上海科技出版社，2007.

［6］吴培德，徐文正，劳秉衡. 岭南蜡石［M］. 广州：广东科技出版社，2000.

［7］刘翔. 黄河石［M］. 沈阳：白山出版社，2010.

云南黄蜡石（黄龙玉）精雕作品欣赏

后　记

　　《中国黄蜡石》在中国风景园林学会花卉盆景赏石分会的关怀下，在扬州市园林局的大力支持下，在全国赏石界的关注中即将付梓出版，此时此刻，我感到非常激动，这是对我本人的莫大信任！

　　首先感谢中国风景园林学会盆景赏石分会的各位领导和赏石界同仁的关心、支持和帮助。尤其得到了第十二届中国赏石展组委会和扬州市园林局的大力支持，多年的梦想才得以成为现实。

　　中国风景园林学会盆景赏石分会理事长陈昌先生亲自为该书作序；副理事长严家杰先生为该书撰写了前言；副秘书长刘翔先生为该书特意撰写了《黄蜡石赋》，以及该书编委会的全体成员都为本书出版作出了各自贡献，在此一并致谢！

　　其次，由于本人文化水平有限，时间也较少，再加上中国黄蜡石地域广大，无法到各产蜡石的地方实地一一考察，只有借助当地的专家学者和资深的蜡石玩家代为收集整理，他们给予我无私的帮助，在此表示衷心感谢。

　　另外，一些好友、石友得知《中国黄蜡石》一书由我负责组稿和主编时，他们都非常热情爽快地帮助我组稿和提供照片，有的地方协会甚至专门召开理事会议，派出专职摄影拍摄，用电子邮件和快递发来。广东阳春根艺雅石协会张英祥会长亲自带来稿件和百多张精美蜡石照片，各地石友一呼百应，发来的稿件和蜡石照片共计有三百多张，这使我无比的兴奋和激动。由于该书出版的篇幅所限，有些文章和照片无法选排刊登，只有忍痛割爱并感到深深的遗憾，在此道一声"抱歉"，下次若有机会一定补上。

云南黄蜡石（黄龙玉）精雕作品欣赏

　　在这里要表示感谢的还有：云南省观赏石协会会长浦龙恩先生和刘涛先生、浙江省观赏石协会副会长徐跃龙先生、广西观赏石协会副会长冯炳金先生、江西省赣州市上犹县文化和广播电影电视局局长张继茂先生、安徽省黄山市《黄山蜡石》主编刘亚南先生、海南省石友冯春光先生、辽宁省丹东市侯明昶先生、中国观赏石协会副会长梁奕淦先生、潮州市赏石协会杨树雄会长、江门市台山玉石协会凌玉堂会长、阳春市根艺雅石协会张英祥会长、电白县奇石协会杨国昌会长、河源市紫金县永安蜡石协会张茂清副会长、梅州市观赏石文化协会张洪涛会长、阳江石友王文兴先生、广东清远市清新区宣传部常务副部长张森泉、广东省收藏家协会赏石陨石专委会秘书长刘伟、澳门盆景赏石总会陈荣森会长、广西桂林资深赏石鉴藏家唐正安等。

　　尤其要感谢我的好友刘德技先生和广州图丽照相馆的师傅们，他们不厌其烦地为我做了大量的细致工作，终使《中国黄蜡石》初稿得以完成。在此我再次表示衷心感谢，并向他们致敬！

2016 年夏于广州